フードテックで変わる食の未来

田中宏隆／岡田亜希子
Tanaka Hirotaka / Okada Akiko

PHP新書

はじめに　なぜ「食の未来」を構想するのか

私たちはこの書籍を、「みんなで食の未来を創りたい」という思いで書いている。

筆者らは、２０１７年に日本で初めて米国発のスマート・キッチン・サミットの日本版を立ち上げ、食とテクノロジー、サイエンスが組み合わさることで、世界でどんなイノベーションが起きているのか、日本は何をすべきなのかについて議論を始めた。

スマート・キッチン・サミットは、米国シアトルにおいて、２０１５年にフードテックメディアThe Spoonの創業者であるマイケル・ウルフ氏が立ち上げたサミットだ。もともとはキッチン家電のＩｏＴ化が主要テーマだったが、幅広く食のイノベーションを語るエコシステムを形成していった。私たちは２０１６年にシアトルでスマート・キッチン・サミットに参加し、食とデジタルテクノロジーが掛け合わさることによる新たな可能性を感じるとともに、日本でこの動きがないことに危機感を覚えた。そこでウルフ氏に日本版を立ち上げないかと提案して開催したのがスマート・キッチン・サミット・ジャパンである。

そして、COVID-19が世界を駆け抜ける真っ只中の2020年に前著『フードテック革命』（日経BP）を出版した。

当時、私たち筆者は海外（特に米国）のスマートキッチンの動き（スマートフォンのアプリから調理家電にレシピを送信する、血糖値の値を見てレシピを提案する、など）を調査していた時に、まるでiPhone前夜のように感じていた。日本の携帯は機能的に圧倒的に優れていた（ネットにつながり、ゲームができておサイフケータイがついていてワンセグでテレビも見られた）にもかかわらず、ユーザーは瞬く間にiPhoneや、アンドロイドのスマートフォンに流れた。日本の食は世界に誇れるクオリティだが、デジタルが食に入り込むフードテックの世界では後手に回る。そんなことが食の世界でも起こるのか？　そんな危機感を覚えながら執筆したのを覚えている。


あれから5年あまり。実はiPhone前夜感はますます強くなっている。パンデミックがあり、戦争があり、海外では国が施策を決めてかなり早く動いている。

パンデミックの間はオンラインでつないで海外のエコシステムビルダーの仲間と情報共有

したり、オンラインイベントを共催したりするなどしていたが、ここ2年ほどは隔月で海外を飛び回り、情報交換のみならず、具体的に海外のエコシステム団体と共同プロジェクトを組んで動くケースも増えてきた。

私たちはフードテックを、狭義では食のシーンにデジタル技術（特にIoT）やバイオサイエンスなどが融合することで起こるイノベーションのトレンドの総称としてきた。私たちも当初はキッチン家電やFuture Foodの世界を中心に見ていたが、現在は私たちが作成した6－8ページのFood Innovation Mapのバージョン4・0にあるように、見ている領域が圧倒的に増えた。10－11ページのバージョン2・0と比べていただくとわかると思う（この図で示した「食のイノベーション」の詳細については、第4章で述べる）。フードテックとは、何か特定の技術というわけではなく、食に関わる無数の技術の集合知とも言える。デジタル・AI時代だからこそ、過去の匠の技や知恵も含めて今の時代に再定義していくものである。

そして今、私たち筆者は危機感を失っていない。世界最先端の動きを追いかけているからこそ、日本とのギャップが見える。そのギャップをすべて埋める必要はない。そうではなく、**日本としてどんな食の未来を目指したいのか、その議論が圧倒的に少ないように感じている。**食の世界において日本のブランド価値は絶対に近いものがあるが、日本の強みの賞味

領域

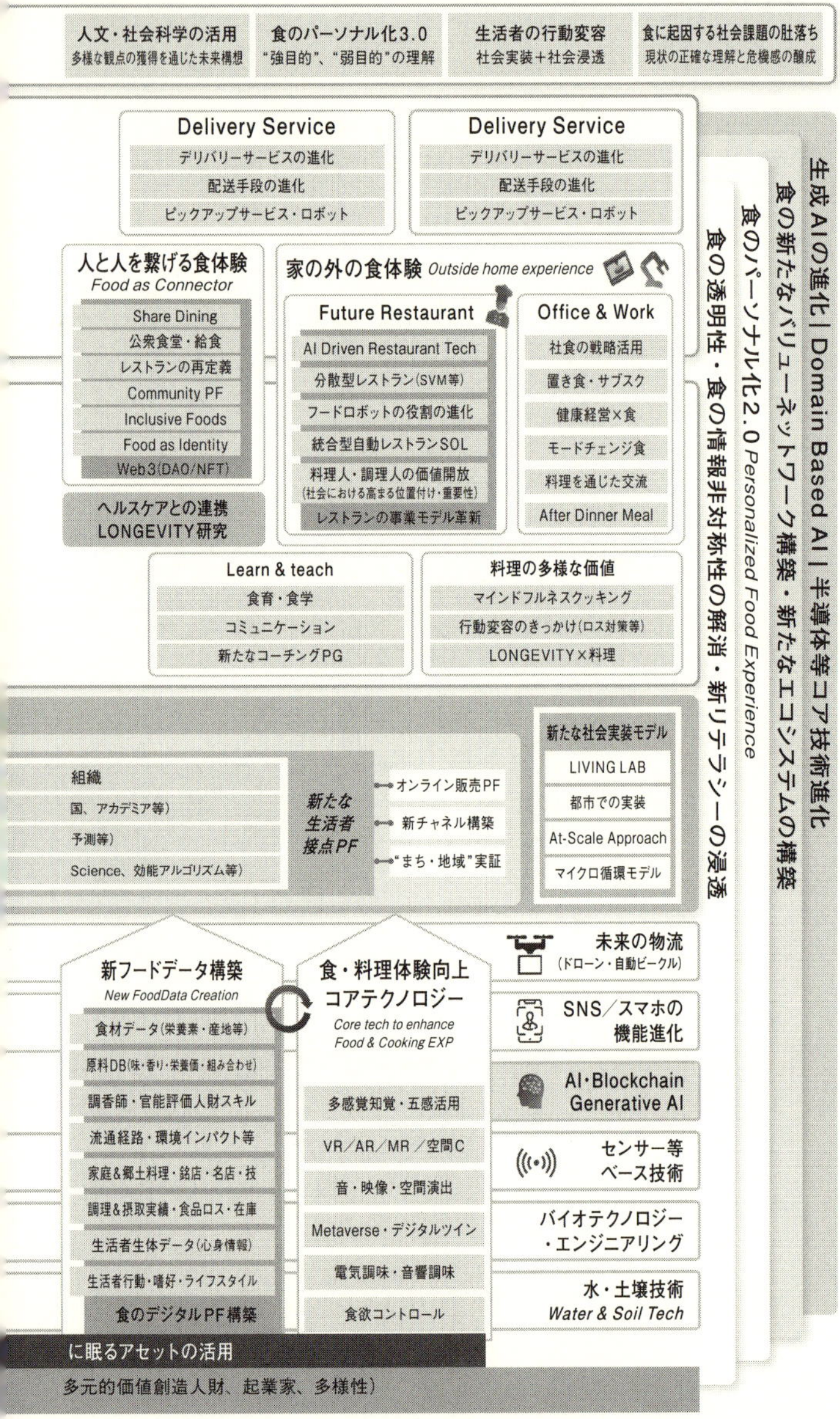

人文・社会科学の活用
多様な観点の獲得を通じた未来構想

食のパーソナル化3.0
"強目的"、"弱目的"の理解

生活者の行動変容
社会実装＋社会浸透

食に起因する社会課題の肚落ち
現状の正確な理解と危機感の醸成

Delivery Service
デリバリーサービスの進化
配送手段の進化
ピックアップサービス・ロボット

Delivery Service
デリバリーサービスの進化
配送手段の進化
ピックアップサービス・ロボット

人と人を繋げる食体験
Food as Connector
Share Dining
公衆食堂・給食
レストランの再定義
Community PF
Inclusive Foods
Food as Identity
Web3(DAO/NFT)

ヘルスケアとの連携
LONGEVITY研究

家の外の食体験 *Outside home experience*

Future Restaurant
AI Driven Restaurant Tech
分散型レストラン(SVM等)
フードロボットの役割の進化
統合型自動レストランSOL
料理人・調理人の価値開放
(社会における高まる位置付け・重要性)
レストランの事業モデル革新

Office & Work
社食の戦略活用
置き食・サブスク
健康経営×食
モードチェンジ食
料理を通じた交流
After Dinner Meal

Learn & teach
食育・食学
コミュニケーション
新たなコーチングPG

料理の多様な価値
マインドフルネスクッキング
行動変容のきっかけ(ロス対策等)
LONGEVITY×料理

組織
国、アカデミア等)
予測等)
Science、効能アルゴリズム等)

新たな生活者接点PF
オンライン販売PF
新チャネル構築
"まち・地域"実証

新たな社会実装モデル
LIVING LAB
都市での実装
At-Scale Approach
マイクロ循環モデル

新フードデータ構築
New FoodData Creation
食材データ(栄養素・産地等)
原料DB(味・香り・栄養価・組み合わせ)
調香師・官能評価人財スキル
流通経路・環境インパクト等
家庭&郷土料理・銘店・名店・技
調理&摂取実績・食品ロス・在庫
生活者生体データ(心身情報)
生活者行動・嗜好・ライフスタイル
食のデジタルPF構築

食・料理体験向上コアテクノロジー
Core tech to enhance Food & Cooking EXP
多感覚知覚・五感活用
VR／AR／MR／空間C
音・映像・空間演出
Metaverse・デジタルツイン
電気調味・音響調味
食欲コントロール

未来の物流
(ドローン・自動ビークル)

SNS／スマホの機能進化

AI・Blockchain
Generative AI

センサー等ベース技術

バイオテクノロジー・エンジニアリング

水・土壌技術
Water & Soil Tech

に眠るアセットの活用

多元的価値創造人財、起業家、多様性)

生成AIの進化｜Domain Based AI｜半導体等コア技術進化

食の新たなバリューネットワーク構築・新たなエコシステムの構築

食のパーソナル化2.0 *Personalized Food Experience*

食の透明性・食の情報非対称性の解消・新リテラシーの浸透

Food Innovation Map 4.0　アプリケーション

生活者体験
Outcome

生活者&社会の理解
Understanding people & society

- 食の多様な価値のクラスター化
- 人間の役割・能力の拡張
- 食とWell-being
- SENSE MAKING

購買体験の進化
New Food Purchasing EXP

New Retail EXP

生活者接点進化&従業員活用	Retail for wellbeing
リアル店舗の再価値化	新興企業向けチャネル
流通独自商品開発(SPF)	売り方の進化(Social Commerce等)

何を食べるか？ *What you eat?*

Ethical& Emotional	Healthy Eating	Drink	Snacks	Tools
新プロテイン食材		アルコール・ノンアル	ギルトフリー	カトラリー
医食同源食・長寿Diet		スープ・スムージー	モードチェンジ	お皿
伝統食の進化・活用		専用デバイス		急須等
Healthy Aging・新介護		Edge生産型機器	Snacking PF	容器(コップ等)
代替乳製品・美味しい完全栄養食				キッチン
食べるだけで人も地球も良くなる食事(三方良し食材)				
ストレス緩和／バリアフリー(アレルギー・宗教食・個食主義)				

調理の進化
Cooking evolution

Next recipe
- 人間の能力拡張型Kitchen OS
- AI-Driven Kitchen OS
- 料理・伝統レシピ・技のデジタル化

"Smart" Cookware
- AI-Enabled Appliance
- Home Robotics
- Smart Fridge 5.0

FUTURE FOOD VISION ～*Act beyond boarders*

マルチステークホルダー参加型共創クラスター
Multistakeholder Co-Creation Cluster

新たなプロダクト開発PF

- 中間組織体：企業&業界横断型研究・開発・事業開発
- 多様なステークホルダーの参画(企業、スタートアップ、自治体、
- 生活者関連データ・インサイト収集(トレンド予測、生活者ニーズ
- 素材開発・商品開発へのAI活用(新素材の組合わせ、Flavor

実現する技術・しくみ
Process & System

次世代食品開発 *NextGen Product & Ingredient & Machinery Development*	次世代食材生産 *NextGen Food Production*	次世代品質向上 *NextGen Quality Enhancement Tech*
美味しさ設計・分析技術	植物性素材(豆類・藻類・菌類)	次世代包装技術
機能性原料・素材開発	精密発酵／バイオマス発酵	鮮度等可視化技術
次世代素材開発・加工技術	培養技術の活用 植物分子農業／ゲノム編集	鮮度等維持・向上技術
デジタル化・AIの活用	次世代植物工場・都市農園	容器を通じた価値創造
先端生産・製造技術	アクアテック(閉鎖循環型養殖等)	発酵技術の徹底活用
料理人・調理人の活用	3Dフードプリンター・エッジ生産	調理としての冷凍技術活用
クリエイティブクラス活用(食品開発の民主化)	未利用素材活用(含むUpcycle)	急速冷凍・急速解凍
	昆虫利用(飼料等)	
	農業・畜産の持続可能性向上SOL(再生・精密農業・畜産SOL・生産性向上技術)	

センシング技術&先端素材等
Input

日本の企業・研究機関・大学・産業

人財の発掘・育成(グローバル人財、共創人財、

出所：UnlocX

Food Innovation Map 4.0
目的・実現するための仕組み領域

文化継承・創造
Inherit and create culture

自国の強みの再定義

自国に眠る強み洗い出し
（文化・技・技術・所作・食材・課題）

自国の衰退産業は世界の成長産業

フードシステム革新
Food System Transformation

食料自給率向上・食料安保の確保

新産業創出食を次世代成長産業化

再生・循環型食
Regenerative Food

気候変動

海の砂漠化

循環型農業・畜産

無理なくフードロス削減

アップサイクル

新たなグローバル社会への対応
（感染症・紛争増加・自国利益優先等）

レジリエンス
Resilience

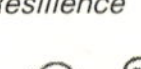

災害時・緊急時の食×平時利用

災害時の食提供＆資源循環インフラ

課題の可視化・顕在化
（自給率・孤独・健康状態など）

日本の食文化・技術・技・価値観等の世界への積極的な発信・グローバルムーブメントの醸成

有事の心身の健康＆QOL向上

DAO型組織

生物多様性の確保

隠れ自給率対策：動物飼料＆肥料＆種子の自給率向上

自律分散型マイクロフードシステム構築
＝ネオ地産地消（世界と繋がり冗長性ある新モデル）

都市×Regenerative×食

地方に眠る価値の可視化・地域活動の群化

生産・つくる活動の民主化（CRAFT／農的活動）
自給自足6.0：生産と消費の近距離化

Regenerative MODEL（beyond sustainable）

Integral Approach ／宇宙開発との連動

新たなメインストリーム

コンテンツとしての食

食の経済モデル革新
Food Economics Model Transformation

プライシングモデル革新

BRANDING（群としての）

新たな資金活用モデルの構築

ナチュラルオーナーの再定義

Beyond Extractive Model

グローバル化3.0

ルールメイク

出所：UnlocX

期限は短くなっていると思う。

筆者たちのバックグラウンドはテクノロジー業界だ。時に事業会社で、時にコンサルタントという立場で、日本が誇るエレクトロニクス業界で新規事業開発に取り組んできた。日本からGAFAが生まれない歯痒（はがゆ）さと悔しさを感じることも多かったが、それ以前にGAFAがあったところで人間の本質的な豊さが満たされているとは言えない部分が大きいことも痛切に感じている。

https://unlocx.tech/sksj2024/conts/wp-content/uploads/2024/10/FOOD-Innovation-Map-4.0.pdf

本書では紙面の都合上、Food Innovation map4.0を２枚で分割してモノクロで掲載したが、２枚の図がつながったカラー版は上記に公開している

一方でデジタル化は進み、海外ではスタートアップエコシステムや産業クラスターが、共創型で新産業創出をドライブしていることも見えてきている。日本はどのように共創型新産業の創出にアプローチしていけばいいのだろうか。

筆者たちはテクノロジー業界でその変遷が

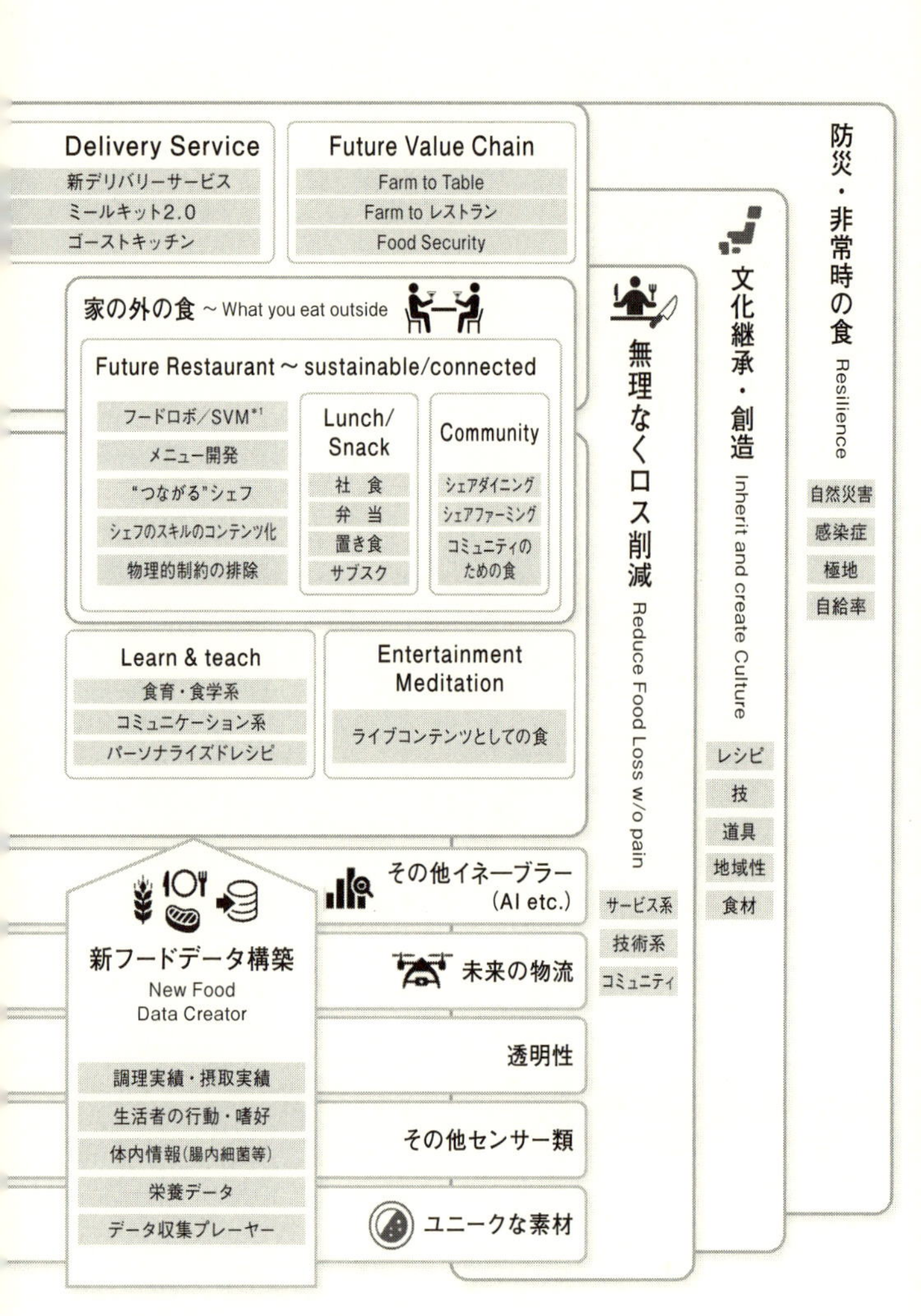

Delivery Service
新デリバリーサービス
ミールキット2.0
ゴーストキッチン
Future Value Chain
Farm to Table
Farm to レストラン
Food Security
家の外の食 ～ What you eat outside
Future Restaurant ～ sustainable/connected
フードロボ／SVM*1
メニュー開発
"つながる"シェフ
シェフのスキルのコンテンツ化
物理的制約の排除
Lunch/ Snack
社　食
弁　当
置き食
サブスク
Community
シェアダイニング
シェアファーミング
コミュニティのための食
Learn & teach
食育・食学系
コミュニケーション系
パーソナライズドレシピ
Entertainment Meditation
ライブコンテンツとしての食
新フードデータ構築
New Food Data Creator
調理実績・摂取実績
生活者の行動・嗜好
体内情報(腸内細菌等)
栄養データ
データ収集プレーヤー
その他イネーブラー (AI etc.)
未来の物流
透明性
その他センサー類
ユニークな素材
無理なくロス削減 Reduce Food Loss w/o pain
サービス系
技術系
コミュニティ
文化継承・創造 Inherit and create Culture
レシピ
技
道具
地域性
食材
防災・非常時の食 Resilience
自然災害
感染症
極地
自給率

Food Innovation Map 2.0

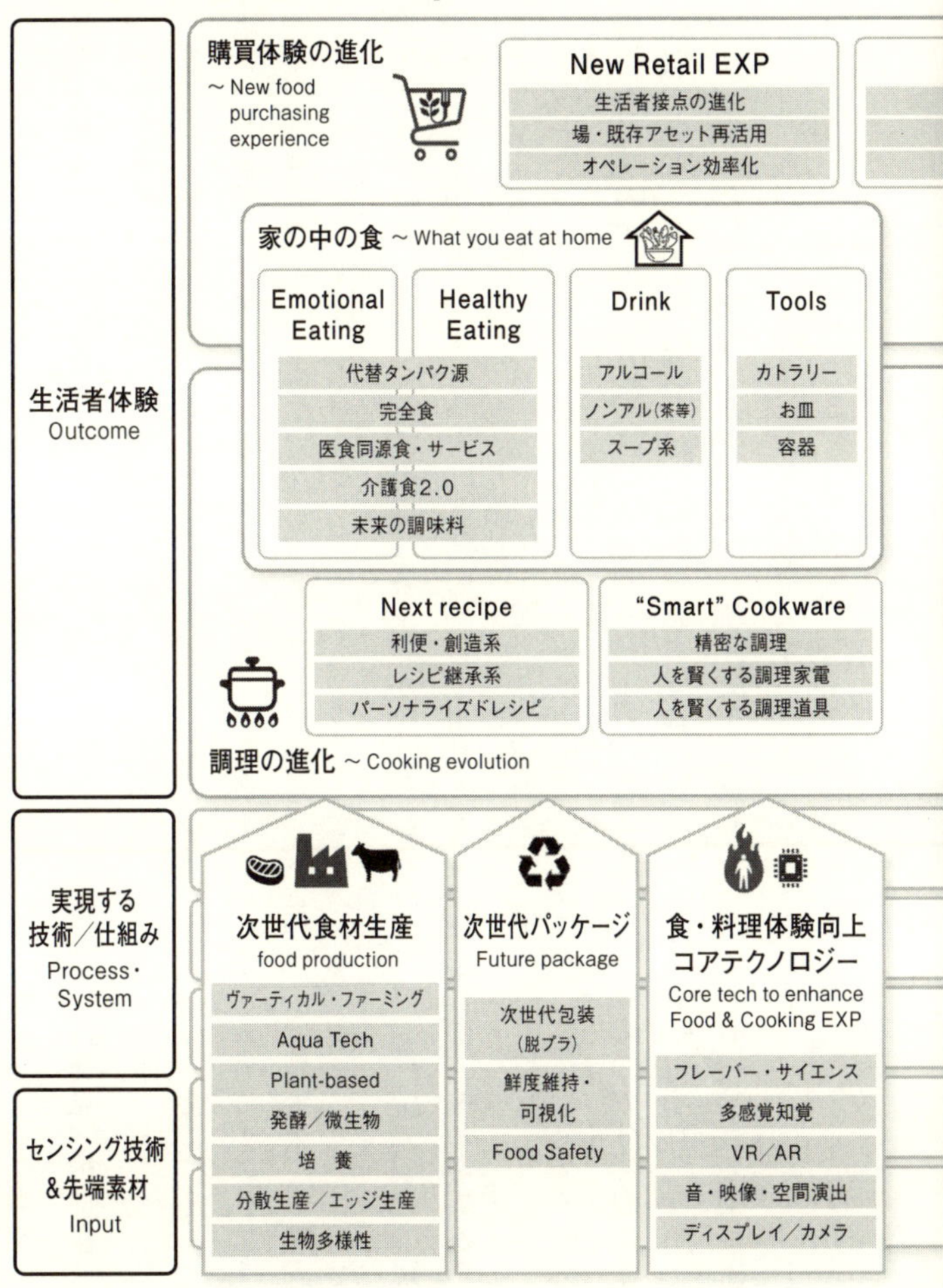

＊1: Smart Vending Machine (スマート自販機)
出所:シグマクシス

どう社会を変えてきたかを見てきた。今でも毎年欠かさず世界最大の技術見本市ＣＥＳやフードテック、リジェネラティブ（再生成という概念。第2章で詳述）をテーマにしたカンファレンスを端から端まで見て、テクノロジーの潮流の全体像を追っている。

筆者たちは食品メーカーでもなければ食品流通事業者でもないが、海外のエコシステムを訪れ、業種横断のフードテックカンファレンスを開催し、大企業から老舗企業、料理人から農家の方、金融から不動産、地方行政から省庁の方々まで、あらゆる人々の声を聞いてきた。そのような経験から感じることは、各業界がそれぞれの「サイロ」の中で、食の現状課題を分析し未来予測をしているが、多くの場合、自社、あるいは自社が属する業界が「できる」ことの延長線上になっている、ということである。

サイロの中にいてもＧＡＦＡほどのスケールの構想は出てこない。もっとテクノロジーの進化を見て、人文知のレンズで人間の本質を理解し、資本主義にもとらわれずに自由に発想する必要がある。企業や産業を超えてメタ思考で食を捉える。そこから生まれた構想をどうやってビジネスとして回していけるのか、新産業を創造するぐらいの前提で食の未来構想を考えるのが「産業人としての本分」ではないか。

そのために、企業を超えてまず顔見知りになる。企業を超えてイノベーターがみんなで議論する。お互い本音で言い合える関係になる。これが重要な一歩だと思う。

本書は、誰もがそんな議論に参加できるようにするために、現状何が起きていて、どんな未来像が浮かび上がっているのかを「例示」している。全てが書いてあるわけでも、正解が書いてあるわけでもない。日本としてどんな食の未来を構築していくべきか、日々考え議論を続けながら、筆者たちは共創型未来構想プロジェクトを立ち上げている。知恵をつなぎ事業構想をつなぎ資本をつなげる。**私たちはそんな議論に参画する仲間の輪を大きくしていきたい。自分ならどんな食の未来を描きたいか、ぜひ想像しながら読み進めていただきたい。**

本書の構成は以下の通りである。第1章では、過去5年間で変貌を遂げたフードテックの最前線を見ていく。投資が落ち込むなか、フードテックはどこに向かっているのか。パンデミック後の社会の変化や、FOOD AIの進化によってどんなことが起きているのか、8領域の進化の予兆を解説する。第2章で未来を構想する上での大前提について解説する。SDGs達成の困難さが叫ばれるなかで「リジェネラティブ」が叫ばれるようになったその背景と、それが意味する価値の大転換について見ていく。

その上で第3章で、未来シナリオを描いていく。これは、通常の未来「予測」とは異なる。未来のある時点における社会や生活、経済活動などのシーンについて、その時点における社会や生活者がどのようなニーズを持ちうるのかの洞察、技術や社会環境の変化の予測と根拠、社会として人類として大事にしたい価値や哲学という観点から考察を進めた上で、解像度高く絵や言葉に落とし込み、ストーリーとして編集している。生活者の視点、産業の視点、国の視点など、さまざまな角度からシナリオを作成しているので、楽しく読み進めてほしい。

①「作る」が広がる料理の未来、②世界に開かれた循環型経済を目指す——「自給自足6・0」、③「料理」だけではなく「食の生産」を前提とした家電がある未来、④Unlockされたシェフが創る新たな食産業、⑤誰もが食のクリエイターになる未来、⑥パーソナライズ&ソーシャライズを実現する食、⑦地方創生が目指すマイクロフードシステムモデルという7つの未来シナリオを解説していく。

そして、第4章では日本はどんなアプローチをとるべきなのか、新経済モデル構築の可能性について解説する。新経済モデルのカギとして、「A. 流通が多元的価値を受け止めてしっかり売り切る　B. 食産業としてグローバル化3・0を目指す　C. 共創エコシステムを構築する」の3つを挙げ、それぞれどのように目指していくのか事例と共に紹介する。

そして第5章では、この大共創時代の未来シナリオについて、徹底議論した座談会の様子をお届けする。日本の食の未来への実装について、それぞれの立場から模索する四種の組織のキーマンとの座談会からは、日本がどこに向かうべきかのヒントも見えてきた。

第6章では、本書の総括として、日本発で日本の強みを活かした食の未来をどのように共創していくのか、今、どのような取組みが動いているのかについて考察している。日本の食は自動車産業などに次ぐ新しい産業になり得るのか？　日本の食は社会的にも経済的にも豊かさを取り戻すことができるのか？　読者の皆様がどんなアクションを取っていけばいいのか、私たちからの提案を記している。

巻末には、本書で登場する注目すべきスタートアップやプロダクトなどを解説した。

本書を読めば、食の未来を構想する視野が圧倒的に広くなってワクワクするとともに、明日から始められる具体的なアクションのヒントが満載なので、是非最後までお読みいただきたい。

フードテックで変わる食の未来　目次

第2章 食の未来を考える大前提
消費から生産へ価値が移る

第3章　2040年の食の未来シナリオ

第4章 未来シナリオ実現は新経済モデルと新産業共創がカギ

第5章　食の未来を実装するために必要なこととは？

【特別座談会】

第6章 日本発でつくりたい食の未来を共創するために

第1章

変貌を遂げたフードテック

◆前提が崩れたウクライナ戦争：自国主義とグローバル化の二刀流戦略が必須に

2022年2月24日、信じがたいニュースが飛び込んできた。ロシアによるウクライナ侵攻である。世界中がまだCOVID-19の混沌の中にあり、ある種共通の敵と戦っていたなかで、第三次世界大戦突入の可能性すら脳裏によぎる衝撃であった。

ロシアとウクライナは、2020年時点で、小麦の世界輸出の30％、トウモロコシの場合20％を占めていた。肥料生産も世界の生産量の13％はロシア産であり、ウクライナ戦争開戦の翌月には、世界食料価格指数が13％も跳ね上がる事態となった（以上、米国農務省の統計による）。日本から欧州を目指す航空機がロシア上空を避けて飛行する様子は、米ソ冷戦時代を彷彿（ほうふつ）させた。**「国際協調」「自由貿易」「グローバル化」というこれまでの経済活動の大前提が一夜にして崩れていったのである。**

実は、食料や食の技術を自国で開発し自国で利用する「フードテックの自国主義」は、このウクライナ戦争が始まる直前、2022年1月ラスベガスで開催された世界最大の技術見本市CES[*1]でのフードテックカンファレンスでも議論になっていた。米グッゲンハイム・セキュリティーズのサステナビリティーを専門にした投資家、マシュー・スペンス氏は、「かってソーラーパネルの普及には、ドイツ、日本、中国などが培った大量生産に向けた技術開発が必要で、今や米国はソーラーパネルの競争優位性を失い、作れなくなってしまった。食は国の安全保障に関わる問題だ。新しい食肉生産技術開発には米国政府が積極的に投資し、コスト競争力のある食肉、プロテイン生産のインフラを構築する必要がある」と指摘していたのだ。

このＣＥＳ２０２２で繰り広げられた「米国は肉の供給を中国に頼りたくない」という話を、筆者らは米中二国間の関係性ならではの問題として聞いていたのだが、その1か月後には、ウクライナ戦争が勃発。日本にも大いに関係する話、つまり**日本も特定国からの供給に頼ることができない事態が起こり得るのだ**と再認識させられた格好だ。２０２４年11月には、米国大統領選挙でドナルド・トランプ氏が大差で当選。米国が再び自国主義に向かうことになった。

日本の食料自給率は年々下がり続け、２０２３年では39％である。かつて日本はエレクトロニクス製品を輸出して外貨を稼ぎ、諸外国から農産物の輸入を増やしてきた。国内での農業従事者減少も相まって、国内生産体制を強化するよりも、海外との外交で食料を確保してきた。今も外交活動は活発に行われている。しかし、**感染症、国際紛争で食料を輸入できな**

くなったら、あるいはできたとしても劇的に輸入コストが上がったらどうするのか？　それでなくても自然災害の多い日本。２０２４年の元日に能登半島地震が起こったことは記憶に新しい。**食料安定確保の前提条件は大きく変化**している。

◆AIに沸いたCES2025

２０２５年1月に米国ラスベガスで開催されたＣＥＳの会場では、ＡＩ（人工知能）という言葉に溢れていた（写真参照）。２０２３年に生成ＡＩが登場し、それを機にスマート家電やスマートキッチンの呼び名が一気にＡＩ家電、ＡＩキッチンに変化した。展示会場で見かけたＡＩという単語が入ったキーワードだけでもこれだけある（表1－1）。いかにＡＩがさまざまな製品、サービス、コンセプトの中に入り込んでいるかがわかるだろう。

ＡＩは今に始まった技術ではない。１９９７年には、ＩＢＭの「Deep Blue」がチェスの勝負で人間のプロに勝利している。その20年後の２０１６年3月、チェスよりもはるかにパターンの多い囲碁において、グーグルが開発した囲碁専用のディープラーニングシステム「AlphaGO」が人間のプロ棋士に勝利した。大量のパターンを読み込ませて学習させれば人

表 1-1　CES2025 の展示会場にあった関連キーワード

Next Generation AI TV Experience	AI Smart Home Solutions	AI for All
AI Laundry	AI Plant Box	Edge AI
Home AI	AI Sound	AI Eco
AI food recognition	AI Collaboration	AI Select
AI powered BBQ	AI Lighting	Integrate AI
AI Agent	Evolving AI Ecosystem	Security AI
AI for better water	Next Gen AI Metaverse	Quantum AI Camera
Flavor craft AI	GenAI	AI Vision
Chef AI	AI Academy	AI Skilling
AI Kitchen	Industrial AI	AI Video Translator
AI to the Field	AI Expertise	AI Kiosk
AiMe	Embodied AI	Embodied AI

CES2025 の様子（筆者撮影）

間を超える。そんな存在のＡＩが、「Generative Pre-trained Transformer（ＧＰＴ）」、つまり「すでに学習された（pre-trained）」状態で、「素人」でも即座に使いこなすことが可能になったのだ。ＡＩの知識がなくても、生成ＡＩに対して質問したり依頼をすれば、答えが即座に返ってくる。これによって、ＡＩはユーザーの行動に大きく影響を与える存在となった。

ＡＩ冷蔵庫に食材を入れれば、ＡＩ画像センサーで食材を認識する。ユーザーが冷蔵庫に「今日の晩ご飯は何を作ればいいか」と尋ねれば、冷蔵庫の中身やユーザーの体調、好み、さらにはフードロスの防止などといったことも考慮してレシピを生成し、さらにＡＩでレシピの工程写真も生成して提案する。実際の調理ではＡＩオーブンが食材を認識して加熱を制御する。そんな「ＡＩキッチン」が現実に登場してきたわけだ。

◆人間よりも人間を理解し始めたＡＩ

近年のＣＥＳで目覚ましい進化を見せているのがデジタルヘルスの世界だ。これまではフィットビットやアップルウォッチに代表されるようなウエアラブルデバイスで、歩行や心拍など活動量を計測するか、侵襲（しんしゅうしき）式センサーを腕に装着して血糖値を測定するものがよく見られたが、ＣＥＳ２０２５では、尿や内臓の状態など、より細かな体内の状況を数分以内で測定できるものが見られた。

米国スタートアップのビブーのデバイスは、ストリップに尿をかけ、その反応をスマートフォンのカメラで撮影して送信すると3分で結果がわかる。測定項目は水分レベル、食塩摂取量、肉／野菜バランス、ビタミンC、骨の健康に関わるミネラル、酸化ストレスの6種類。この結果に応じて食事の提案を行う。これまでは検査機関に送って検査結果をもらうまでに数日かかることが普通だったが、その場で結果が出ることで、「何を食べたらどうなるのか」が感覚的にわかりやすくなると言う。

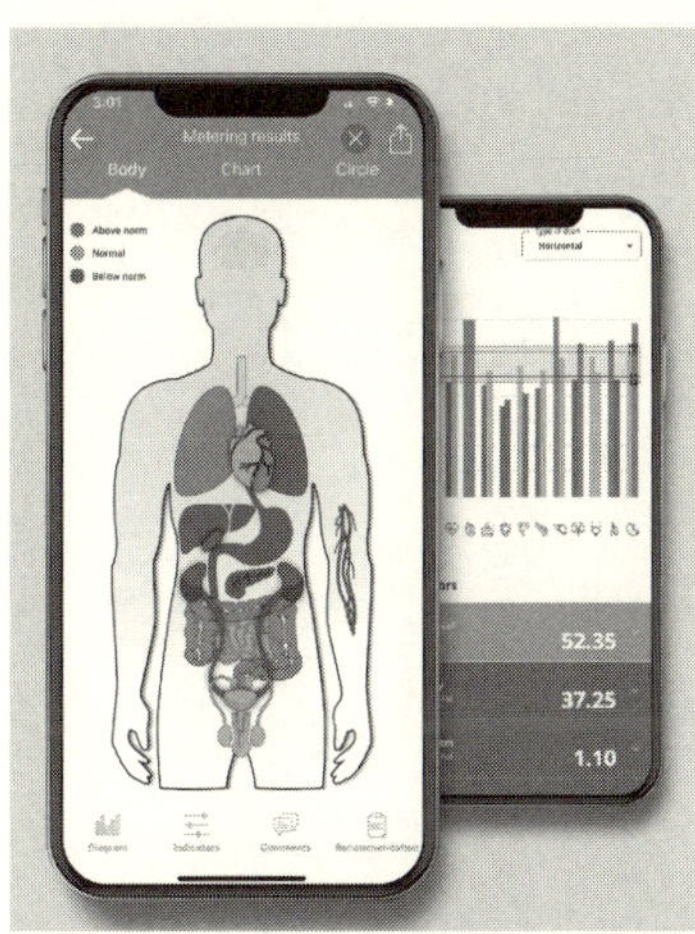

ラドテックの内臓可視化アプリ画面
RaDoTech Full Body Health Tracker
ラドテックウェブサイトより

エストニアのスタートアップ、ラドテックが展示していたのは、足の複数箇所と手に電極を持ち数分測定すると、12の臓器の状態が可視化される技術だ。実際に筆者も測定してもらうと、ものの数分で結果が表示され、水分量が足りないようなので水を飲んだ方がよいという現状認識が得られた。病院に行かなければ絶対にわからなかったようなレベルの身体データが、こんなにも簡単に、即時に得られるのだ。

尿や内臓だけではなく、いわゆる精神の状態を可視化するスタートアップも登場していた。スイスのスタートアップNutrixは、唾液からコルチゾールを計測する。企業が社員のストレスによるバーンアウトを防ぐことに利用するという。自分の心の状態を、自分よりもアプリの方が科学的根拠に基づいて把握しているという時代になった。

筆者はデジタルヘルスの会場を後にし、隣のモビリティの展示会場を訪れた。ドローンによる自動配送や自動運転技術が展示されているなか、目に留まったのは、韓国の自動車メーカー現代モービスのブース。リアルタイムで脳波を分析し、ドライバーのムードに合わせて車内の照明や音楽を変えていく。ドライバーの注意力が散漫になってくると、警告を出す。それでも改善されない場合、強制的に自動運転に切り替わる。人間はもはや運転させてもらえないわけだ。現代モービスのソリューションは、人間が楽しく安全に運転することを優先し、人間が信用されない状態になるとテクノロジー側が主導権を握るということなのだ。

ちなみに、サンフランシスコ市内では２０２３年から完全自動運転タクシー「ウェイモ」が市内を走っている。アプリから迎車予約をすると、ドライバーのいない無人の車両が到着。サンフランシスコという大都会で巧みに車線変更や歩行者を避けながら、目的地まで走行する。人間が運転するということが不要な世界がすでに実装されているのだ。

ＣＥＳ２０２５のフードテックカンファレンスでも、食は自動運転の道を辿ることになるのではないかという議論があった。食べる側の身体データを分析し、どんな栄養素が足りないのか、何を食べるべきなのかの提案があり、食べる側はそれにしたがって食事を摂る。健康な間はいいが、体調不良になることが予測されれば、人間側に食べるものを決める選択権はなくなり、ＡＩの指示通りに食べなければならない。そんな時代になるのだろうか。

◆蘇る「ヒューマンセントリック」

ＣＥＳ２０２５でよく聞かれた言葉に「ヒューマンセントリック（人間中心）」がある。この言葉は決して今言われ始めた言葉ではなく、２００５－２０１０年頃にも日本のハイテクメーカーは「ヒューマンセントリック」を提唱していた。特に富士通は２０１０年に開催された富士通フォーラムで、「ヒューマンセントリック」な時代が来ると言っていた。クラウドコンピューティングが登場し始めた頃だ。

データがハードウェアからインターネット側に置かれる時代、携帯電話端末（ガラケー）やさまざまなデジタルデバイスが、今よりもっとユーザーに注目し、ハードウェアとしての機能や形状、いわゆるユーザーインターフェースをわかりやすく快適なものにすることを目指していたように思う。まさにヒューマンセントリック1・0時代だ。その後、ヒューマンセントリックはハードウェアの話だけでなく、フリクションレスでユーザーがサービスを使えるようにするなど拡張してきた。これはヒューマンセントリック2・0と言える。

今回AI時代のCES2025で見たのは、さらに進化した「ヒューマンセントリック3・0」の世界だ。テクノロジー側が人間よりも人間を理解し、人間に対して提案や指示を始めた時、「いや、それでも中心にいるのは人間ですよ、あなたのやりたいことを実現します」と念押しされているようにも聞こえた。何をやりたいのかを決めるのは人間、技術はあくまでもその支援です、と。独ボッシュは、メディア向けのカンファレンスの中で、「AI should support, not replace humans（AIは人間を支援するもので、代替するものではない）」と強調していた。

表1-2　ヒューマンセントリックの定義

ヒューマンセントリック 1.0	人間工学など用いてハードウェアのデザインを人間の特性に合わせる
ヒューマンセントリック 2.0	ハードウェアとサービスをシームレスにつなげ、人間がサービスを使いやすいようにする
ヒューマンセントリック 3.0	人間の依頼に答えたり、AI が人間を理解し、人間がとるべき行動を提案したりする

出所：UnlocX

さて、ＣＥＳ２０２５でデジタルヘルスやモビリティの進化が見られたなか、フードテックはどんな進化があったのか。前著『フードテック革命』（日経ＢＰ）から２０２５年１月の今日までの間、フードテックがどう変化してきたのかについて、フードテックの現在地を見ていこう。

◆フードテックベンチャーへの投資急落

２０２４年９月１日の日本経済新聞の朝刊一面に「『飢え』満たせぬ食テック　代替肉など投資６割減　値段・味、胃袋つかめず」という見出しの記事が掲載された。世界の食料・農業スタートアップへの投資額が２０２３年まで２年連続でしぼみ、培養肉や植物工場、バイオ技術などへの投資が、２０２３年は約42億ドルと、ピークの２０２１年から57％減ったというのだ。

このトレンドをどう捉えるべきか。まず、2021年をピークに投資が減少しているのは、フードテックに限った話ではなく、ベンチャー全体に言えることではある。日本経済新聞がチャートで示しているのは、バイオ技術、培養肉などの代替食品、植物工場・養殖システムといういわゆる食品生産の領域であるが、フードテックは生産のみならず、加工、流通、外食、調理と幅広い。

細かく領域ごとに見ていくと、投資が一気に落ち込んでいる領域と、着実に伸びているところがある。例えば欧州地域を見てみると、21年にバブルのように急伸したのがデリバリー領域で、これはコロナ期間中に外食ができず、フードデリバリーの需要が急速に高まったことを思い出せば腹落ちするところだ。この領域は2022年以降一気に減速することとなる。フードサイエンスやアグリテック領域は成長傾向にあるように見

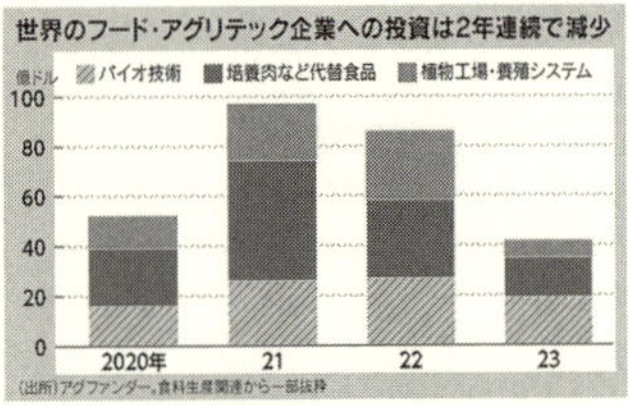

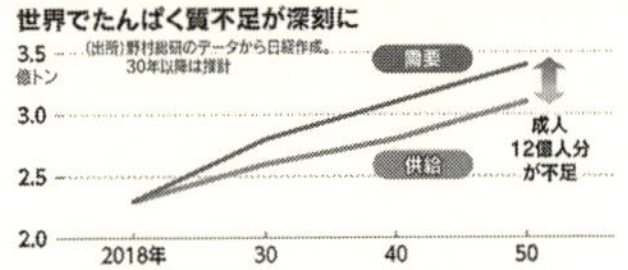

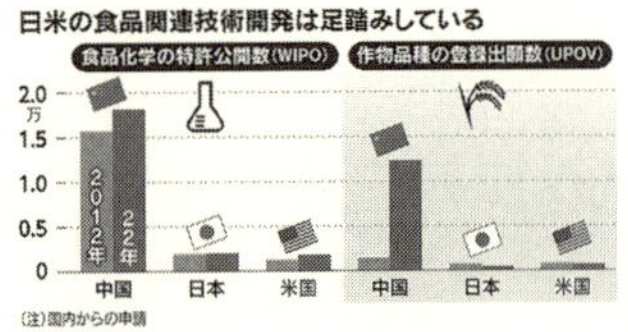

「飢え」満たせぬ食テック

代替肉など投資6割減　値段・味、胃袋つかめず

世界の人口増加と気候変動に伴う食料不足の回避に黄信号がともっている。代替肉をはじめとする代替たんぱく質（3面きょうのことば）などを開発する企業への世界の投資額は2年で6割減った。農作物の新品種登録も中国が急伸する一方、日米は足踏みしている。

「量産にはコストと時間がかかり（十分な）投資を呼び込めなかった」。動物の細胞からつくる培養肉の量産を目指していた米ニュー・エイジ・イーツの元最高経営責任者ブライアン・スピアーズ氏は振り返る。新興勢の一角として工場建設へ数十億円を調達したものの、開発は難しく2023年に会社をたたんだ。

世界の食料・農業スタートアップへの投資額は23年まで2年連続でしぼんでいる。米ベンチャーキャピタル（VC）のアグファンダーによると、培養肉や植物工場、バイオ技術などへの投資は23年に約42億㌦（約6100億円）とピークの21年から57%減った。

食料不足の解決策として注目される培養肉や植物肉など代替食品は67%減と落ち込みが大きい。既存の食品の味や価格を乗り越えるハードルが高く事業化に時間がかかるためだ。新興企業への投資が細れば、将来の技術革新の芽がしぼみかねず、普及に向けた好循環へとつながらない。

大豆などからつくる植物肉大手の米ビヨンド・ミートも不振にあえぐ。24年4～6月期は約3450万㌦の最終赤字で、足元の株価もピークの約40分の1だ。インフレで割高な植物肉の使用をやめる外食店もある。米ウォルマートの通販サイトでのビヨンド・ミートのパティの価格は1㍀（約450㌘）あたり9～10㌦台で、3～6㌦台が中心の通常の肉より高い。

大豆臭さが残るなど風味も課題だ。米国在住の日本人女性は「そこまでおいしくないうえ、本物に似せるための添加物も気になり買わなくなった」と敬遠する。

「飢え」の解決を目指すフードテックの重要性は高い。世界の人口は50年に100億人に迫り、野村総合研究所は三大栄養素の一つのたんぱく質の供給が需要に対して7%不足すると推計する。成人12億人が1年間に摂取すべき量が足りない計算だ。

気候変動による不作や病虫害も食料危機を招く。農業・食品産業技術総合研究機構（農研機構）などの試算では、平均気温がセ氏2度上昇すると、世界の穀物生産被害は800億㌦に達する。肥料・薬剤などの活用で76%減らせるが、温暖化が加速すれば被害は一層広がる。耐候性品種など技術開発がカギを握る。

食品関連技術で存在感が高まっているのが中国だ。植物新品種保護国際同盟（UPOV）の統計で22年の新品種の国内登録出願数を10年前と比べると、中国が8・4倍の1万2333件に急伸した。国を挙げて開発を推進し、成長が早く収穫量も多いアブラナなどが生まれている。日本は4割弱減の464件で、研究者も予算も足りない自治体機関の出願が減った。米国も約1割減の720件だった。

食料問題に詳しいKPMG FAS（東京・千代田）の梶川慎也執行役員は「植物など生物が相手のため研究開発に時間がかかる」と話し、息の長い取り組みが求められる。特に食料自給率がカロリーベースで4割未満にとどまる日本はてこ入れが急務だ。

代替食品などの普及にはルールも必要だ。明治ホールディングスは天然カカオ細胞の培養技術を持つ米新興と食品を開発する。日本は細胞性食品のルールがなく米国で売り出す。米国やシンガポール、有望企業に政府が投資するオランダなど食料安全保障を巡る競争は激しい。法整備とともに投資と技術開発を促すことが欠かせない。（大林広樹）

2024年9月1日付『日本経済新聞』朝刊「『飢え』満たせぬ食テック」
日本経済新聞社掲載許諾済、無断複写・転載禁止

えるが、他の領域が伸び悩んでいることは間違いない（図1－2参照）。

◆投資動向に翻弄されるスタートアップ

CES2024でのフードテックカンファレンスで、レストランテックのスタートアップが投資家に対して憤り（いきどお）に近いコメントを発していた。COVID-19をきっかけにゴーストキッチン[*2]という業態が注目され、数多く拠点が作られたが、ブームがすぎると一気にシャットダウンしてしまったというのだ。ゴーストキッチンを前提に運営していたいくつものレストランが、

図 1-1　世界のベンチャー年間取引額

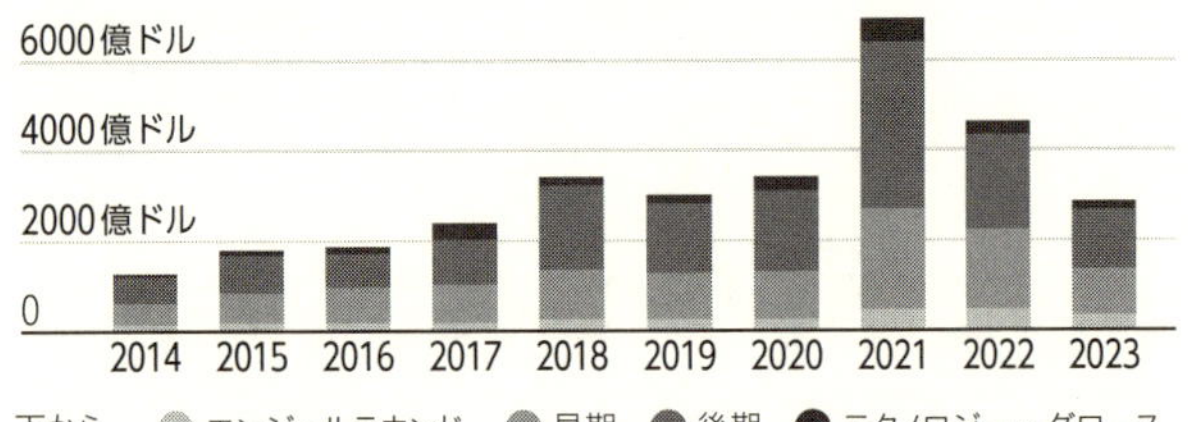

下から　エンジェルラウンド（初期のスタートアップへの投資）　早期　後期　テクノロジー・グロース（優れた技術を持つ会社への投資）

出所：クランチベース

突然自社の重要な調理拠点を失うこととなり、事業存続の岐路に立たされたのである。

ゴーストキッチンは、調理ロボットやレストランオペレーションのデジタル化など、最先端のレストランテックが集結する拠点としても期待されていた。このように、多くの企業の「インフラ」「拠点」的役割を担っていたところに、短期利益目的の投資が入っては消えることの脆弱性が指摘されたのだ。

同様の憤りは、植物工場[*3]スタートアップからも上がっていた。「植物工場」という技術は食料安全保障の点からも国として育成すべき重要な技術である。気候に左右されずに安定的に安全な食料を供給するには、農業の工業化（作物を室内で工場のように生産すること）というオプションを持つべきだ。この主張には産業側も米国政府も反対しないだろう。し

図 1-2　欧州フードテック投資額領域内訳推移

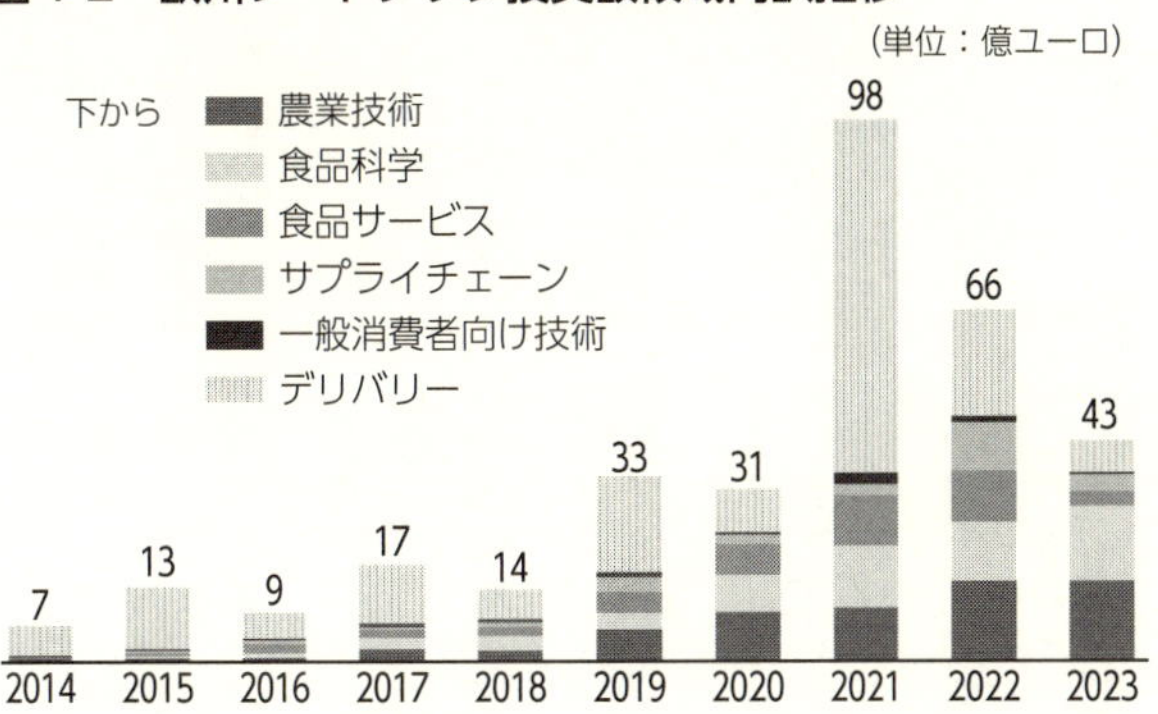

出所：デジタルフードラボ "State of the European FoodTech ecosystem in 2024"

かし大義はそうであっても、ベンチャーキャピタルからすると、投資先からのリターンを見込めなければ実施できない。

植物工場事業は先行投資がそれなりに必要で、実証実験からのスケール化にも壁があり、かつ末端の出荷価格は既存農業との戦いになる。非常に高度な技術を要する植物工場の場合、育つ作物の栄養素量をコントロールしたり、収穫するタイミングをコントロールしたり、これまでの既存農業ではできなかったような付加価値がつけられるわけだが、いずれにせよ、既存農業並みのスケール化、生産性を目指す上では長期視点での投資を必要とする領域である。しかし、ここでも短期的投資資金が先行きが見込めないと思うや否や引き上げてしまう傾向にあり、スタートアップからは悲鳴が上がっている。

先述の日本経済新聞の記事で述べられていたように、代替プロテイン市場も正念場を迎えている。[*4] 植物性代替肉大手の米ビヨンド・ミートの株価下落や、インポッシブル・フーズの不振、培養肉スタートアップが工場建設を断念して会社をたたむなど、代替プロテイン系スタートアップ周りの苦戦のニュースは日々伝わってくる。投資の冷え込みも激しい上、価格や味、そして加工度が高く添加物が多いという生活者の認識に課題が残り、環境への意識がよほど高くなければ、手に取る商品ではなくなってきている感もある。

では、このまま代替プロテインは一時のブームで終わっていくのか？

投資の落ち込みがこれまでのフードテック発展の潮目を表していることは間違いない。多くのイノベーションが辿るように、フードテックも最初期待値が上がったのちに幻滅期が訪れる。フランスのフードテック調査機関のデジタルフードラボは、代替プロテインの技術についいて、図1－3のようなハイプ・サイクルを描いている。植物性代替プロテインは幻滅期にあり、今後細胞農業（本来は動物や植物から生まれる食料を、細胞培養技術を用いて生産する

図1-3　サステイナブル食材（代替プロテイン）の現状：2025

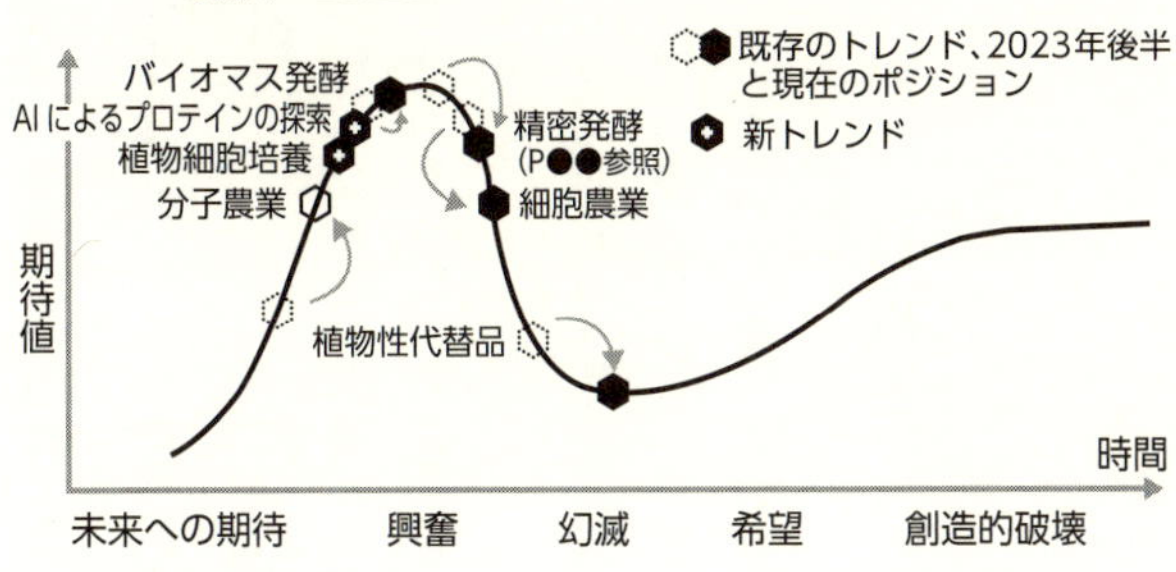

出所：デジタルフードラボ

方法）や精密発酵も同じ道を辿ることが予測されている。

代替プロテインが解こうとしている社会課題は深刻さを増している。畜産が地球環境に与えるダメージは大きい上、食肉の需要は増えている。代替プロテイン技術はある意味人類の食を支える社会インフラであり、何か非常事態があって、何らかの原料が食べられなくなっても大丈夫なように、多様な手段を確保しておく必要がある。例えば、大豆が何らかの奇病でとれなくなることを想定し、他の植物を準備しておく、他の手段でプロテインが作れるようにしておく、というのはとても重要だ。

かつてのビデオ録画の規格争い（VHS vs Beta）のように戦って、一規格がドミナント（支配的）になるような話でもない。投資マネーではなく、一定の先行投資、設備投資の拠出が必要になってくる。一社が全人類を支えられるわけでもない。食産業だけで解決する問題でもない。あらゆる産業の技術の知見と、資金力を統合して解決すべき問題なのだ。

◆進化の予兆① 代替から新食材へ

今が図1－3のように「幻滅期」の洗礼を受けているとすれば、ではどうすれば、次の成長・定着のフェイズを迎えることができるのか。実はすでに、いくつかの「楽しい予兆」はある。未来につながるいくつかの話をしよう。

2024年11月、筆者らはシンガポールで開催された「シンガポール国際アグリフード週間（SIAW）」に参加していた。その道中、同国にある「プロテイン・イノベーションセンター」を訪問した。この施設は、スイスの食品製造機器メーカーのビューラー（Bühler）とスイスの香料メーカーのジボダン（Givaudan）が2021年に共同開発したもので、スタートアップなどの植物由来の代替肉開発を支援する専門施設である。

施設内には、ビューラーの抽出加工設備、調理用キッチンを設置しており、植物性代替肉の原料となる大豆、小麦、藻のほか、試作品開発に必要な材料や設備、そしてビューラーのスタッフが揃っている。試作品の開発は通常3日から1週間で行い、試作品の知的所有権は試作品の開発企業側保有となる。

このビューラーの抽出加工設備で加工された、まだ味も香料も何も加えていない状態の植物性プロテインそのものを試食したのだが、あまりにおいしくて心底驚いた。これまで、米国や日本国内でも数々の「代替肉」を試食してきたが、どれもすでに加工され、かつ調理されたものであり、素材自体を「おいしい」と感じることは多くなかった。しかし、このビューラーの抽出加工設備から絞り出されてきたタンパク質の塊は、まるで魚肉ソーセージのような食感で、「おかわり」したくなるほどのおいしさだったのだ。これをアジアらしく、醤油などで甘辛く味をつけた「植物性代替肉の炒め物」は、その場にいた日本人たちによって、あっという間にお皿から姿を消したのであった。

この味は圧倒的な技術力を見せつけられた気がした。これだけ質の高い試作品ができる設備とスタッフを兼ね備えたイノベーションセンターの存在。世界屈指の製造機器メーカー、世界屈指の香料メーカーが、こうした施設を建設し、知見を提供して将来の顧客となり得るスタートアップを本気で育成している。

彼らはこの新しい植物性の食材を「肉の代替」とは思っていない。肉を上回る価値となる

シンガポールにあるプロテイン・イノベーションセンター(UnlocX撮影)

新たな食材として展開しようとしている。投資の動きが落ち込んでいたとしても、技術は確実に発展しているのだ。スケール化して価格競争力がつけば、ニーズを掘り起こせる可能性は十分にある。これは日本にも必要な動きなのではないかと考えさせられた。

シンガポールの動きは速い。2020年には世界で初めて培養肉（動物の細胞を培養して作った肉）の販売を許可している。最初に提供したのは培養鶏肉を使ったナゲット。高級レストランで週1回数量限定で提供する形でスタートした。その後、2023年には小売店での店頭販売を開始している。2023年に米国、2024年にイスラエルが培養肉の販売を許可したが、シンガポールは世界でも圧倒的に早かった。小売店で店頭販売している代替肉は97％が植物性タンパク質で、培養肉の配合率は3％となっており、培養技術は植物性代替肉の味を動物肉に近づける役割を担っている。

シンガポールは国をあげて30 by 30（2030年までに食料自給率を30％にする）という政策を推進している。都市国家で食料自給率はほぼゼロ。フードテックの発展は国としての安全保障という意味でも重要だ。シンガポール政府の投資会社であるテマセクの完全子会社であるヌラサは2024年4月、「フードテック・イノベーションセンター」を開所し、スタートアップなどが食品開発をする際の支援を行っている。精密発酵や植物性タンパク質を肉のように加工する抽出設備など、先端設備を備えている。

◆進化の予兆②　中長期を見据えた投資――代替プロテインの技術開発の意外な立役者

興味深い動きを仕掛けているのが、アマゾンの共同創業者ジェフ・ベゾスである。

彼が設立した気候変動対策基金のベゾス・アース・ファンドは、2024年3月、「ベゾス・センター・フォー・サステナブル・プロテイン」という研究機関の設立に6000万ドルを投資すると発表した。代替プロテインの製造コストの削減や品質向上に向けたテクノロジーの開発を支援していくという。同年5月にはノースカロライナ州立大学が研究ハブ拠点として選ばれ、今後地元に雇用を生み出しながら代替プロテイン研究を進めるとしたほか、6月にはインペリアル・カレッジ・ロンドン、9月にはシンガポール国立大学での研究拠点の設立が発表された。

ベゾス・アース・ファンドは「フードシステム改革」に10億ドルを投じるとしており、ノースカロライナ州立大学がバイオ製造、インペリアル・カレッジ・ロンドンでは工学生物学（遺伝子組換え技術、ゲノム編集や合成生物学などを扱う学問領域）、シンガポール国立大学では微細藻類（びさいそうるい）とバイオマス発酵を注力領域とする。いずれの大学も他大学、産業、政府機関とも連携しながら研究活動を進めるという。

代替プロテインの調査会社グッド・フード・インスティチュート（ＧＦＩ）の調査によると、２０２３年の代替プロテイン領域における公的な投資は、世界で５億２３００万ドルにのぼる。

ベンチャー投資額が落ち込んでいるとしても、**実はこうした財団や政府系投資機関が、代替プロテイン研究の周辺において長期視点で巨額の資金を動かしていたり、大企業が共創型で技術開発を進めていたりしていること**は注意して見ておくべきだろう。

図 1-4　国別代替プロテイン領域の政府による公的投資額

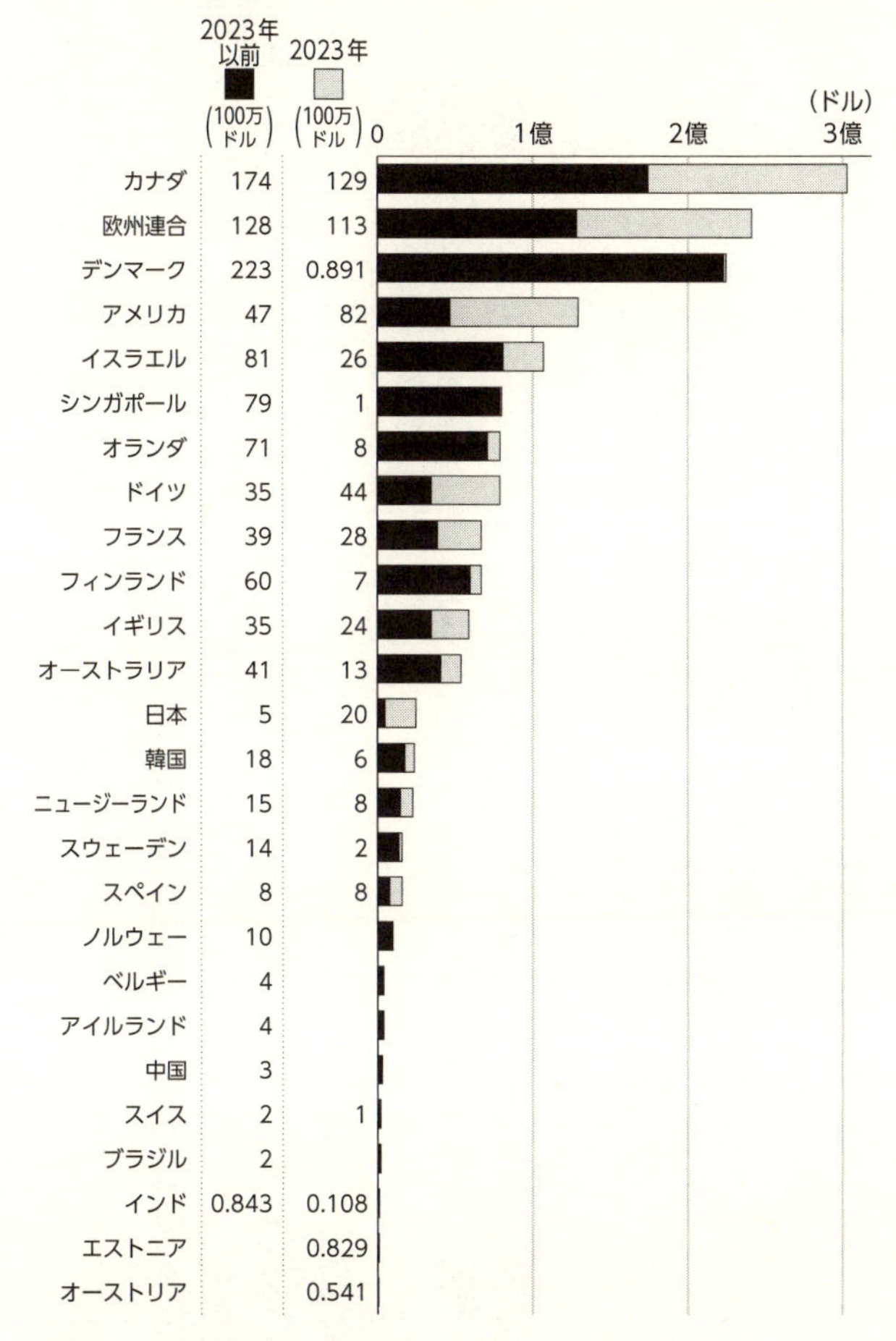

欧州連合（EU）の研究開発・開発助成金は、加盟国とは独立しており、GFIの分析では別の資金提供者と見なされている
出所：グッド・フード・インスティテュート（GFI）

◆進化の予兆③　治療に近づくフード

代替肉市場が花開く前に、米国では食に関する社会課題がさらに深刻化してしまったのも大きな変化だろう。米国の深刻な社会課題の1つが肥満率の高さだ。しかも年々悪化している。低所得層ほど健康的な食材を入手することが難しく、肥満が進み、糖尿病が国民病ともなっている。ニューヨークタイムズの記事によれば、米国の肥満者の人口は1億人以上という。

そんな米国で今、魔法の薬が話題になっている。GLP－1受容体作動薬、通称やせ薬である。一説には8人に1人が利用経験があると答えている調査もあるほど、急速に広まっている。

この薬を使うと、血糖値が下がる効果もあるが同時に食欲がかなり減退し、減量が可能になる。モルガン・スタンレーの予測では、2035年までに米国でのGLP－1使用者数は2400万人にまで拡大するとされる。これは、米国のベジタリアンやビーガン人口の2倍に匹敵するとも言われる。こうした状況を受け、ウォルマートは2023年にこのGLP－1によって消費者の食品購入料が減っているという声明を出した。食品メーカーや食品スーパーの株価にも影響を与えるほど、米国市場は揺れている。
フードテックの位置付けも変わりつつある。GLP－1使用者向けにパーソナライズされた食品やミールキットが登場し始めた。食欲を失った人々がちゃんと必要な栄養を摂れるように工夫されているものだ。

それにしても、「食」に対して究極的に利便性を追求して「超加工食品」に行き着いた結果肥満社会となり、その解決策が「薬によって食欲そのものをなくす」というのは、どこまでも「対処療法」の国なのだな、と思わずにはいられない。

◆進化の予兆④ FOOD AIの衝撃：食品開発期間が7分の1になる！

CES2025を見てもわかるように、この5年でガラリと様変わりしたことといえばAI技術の進化と浸透だ。特に生成AIの登場は、これまでAIとは縁遠かった人々にとってもAIが急激に身近な存在となる出来事であった。AIの進化は食領域にどんな影響をもたらすのか。

「FOOD AI サミット」が米国サンフランシスコ近郊で初開催されたのは2023年9月のこと。AIはフードシステムをどう変えるのかをテーマに、スタートアップや大手食品・飲料メーカー、家電メーカー、研究者など約100名が集まった。

セッションで取り上げられたのは次のような領域で、フードシステムの各領域が勢揃いした形となった。

・精密農業
・食品開発
・レストランテック
・食品スーパー
・フードロス
・デジタルデータプラットフォーム
・個別栄養最適化（パーソナライズ栄養）
・キッチンOS

このそれぞれの領域で、ＡＩによってこれから何が変わっていくのか、スタートアップが中心となって議論が展開された。**ＡＩによって最も衝撃的な進化を遂げているのは、食品開発領域なのである。**

南米チリのスタートアップNotCo（ノット・カンパニー）は食品の味、色、機能、栄養、食感などをデータ化し、例えば動物性ミルクを植物性素材のみで開発しようとした時の素材の組み合わせや加工方法について何がベストなのかを、独自のＡＩアルゴリズムを使って選択肢を抽出する。これまで18～24か月かかっていた研究開発期間を、NotCoアルゴリズムを使えば、３～６週間に短縮できるという。

特筆すべきは、NotCoはケチャップで有名な大手食品メーカーのクラフト・ハインツ社とジョイントベンチャーを創設しているということだ。クラフト・ハインツは、自社で持つことのできないＡＩを使った高速Ｒ＆Ｄ（研究開発）スキルを、スタートアップと組むことによって獲得した格好だ。

NotCoの創業者はもともと宇宙工学エンジニアだった。こうした異業種で先んじて開発されていた知見が使わることで、食品業界のＡＩレベルが一気に上がっていっている。

NotCo AIについて語るVP Product and Engineering Aadit Patel氏

NotCoだけではない。Shiru（シル）は植物性プロテインのデータベースを構築している。数万種類の植物性プロテインから狙う食感・味の原料を組み合わせをAIを用いて解析し提案する形だ。

CEOのジャスミン・ヒュームはタンパク質の専門家で、さらに世界的なスタートアップインキュベーターのYコンビネータの卒業生であり、米国の代替卵のスタートアップであるEat Just（イート・ジャスト）でFood Chemist（食品化学者）として活躍していた。動物性食品に頼らない新しい食料システムの開発に長年携わるなかで、最先端の技術を活用することで、世界の食料産業における動物への依存度を劇的に低減できる可能性に気づきShiruを設立した。

もともとShiruは、２０１９年に合成生物学企業として創業。ＡＩと機械学習を活用したプラットフォーム「Flourish」を開発した。数億の植物情報を搭載したデータベースから高機能で商用化が可能な天然のタンパク質を迅速に特定できるというものだ。２０２４年には世界初のタンパク質向けマーケットプレイスを立ち上げた。「ProteinDiscovery.ai」と呼ばれるこのプラットフォームは、誰もがタンパク質を検索、発見、試用、そして購入できる場を提供する。食品、農業、パーソナルケア、先端素材など、幅広い産業に応用可能な分子を扱うことができる。Shiruのマーケットプレイスと発見モデルは業界初のものであり、３３００万以上の分子が登録されていて、配例、メタデータ、パフォーマンス、機能用途で検索できる。

こうした原料探索からの商品開発を得意とするFOOD AIスタートアップは、他にも、大豆に強いBrightseed（ブライトシード）や穀物に強いグレインジＡＩなど多数存在しており、また、生活者側の食品に対するフィードバックをＳＮＳ分析やサーベイベースで分析し、これを商品開発に活用するスタートアップも登場している。英国発でグローバルに展開するSpoonshot（スプーンショット）は、SNSで誰がどの商品に対してどんなコメントをしているのか、例えば環境にいいことを訴求するにはどんなパッケージが好まれるかなど、生活者側の反応を徹底的に分析している。このように、各食品メーカーのR&D（研究開発）に対して支援を行っているAIスタートアップが次々と誕生しているのだ。これらも5年前にはなかった動きである。

◆進化の予兆⑤ FOOD AIで変わる食の「産業構造」

こうした動きは何を意味しているのだろうか。現状、AI活用型R&D支援スタートアップは、大手食品メーカーのR&D支援という立ち位置だが、彼らが率先して新製品を開発し、食品メーカーがそのマス生産を請け負う、というパターンも十分にあり得る。NotCoもShiruもそれをメインビジネスにはしないと公言しつつも、食品開発も行っている。こうしたスタートアップがいれば、食品メーカー以外の企業、スタートアップ、クリエイティブなどが、食品を作ってみようと考えた時に、考えられないくらい速いスピードで開発できる可能性がある。

ハイテク産業を見てきた筆者らとしては、この動きがかつてのハイテク産業において、設計だけするファブレスプレーヤーと、生産に特化したFOXCONN（フォックスコン）のようなOEM（他社ブランドの生産）プレーヤーといった形で水平分業へ移っていった時代を彷彿させる動きだ。半導体や電子機器など、米国「シリコンバレー」にいた企業はファブレス化が進み、彼らを支えたのは台湾や深圳の受託製造企業だった。

とりわけ存在感を放っていたのは台湾を拠点とする巨大な受託生産企業FOXCONNだ。アップルのiPhoneや、デルのコンピュータ、任天堂のゲーム機など、FOXCONNには日本を含めた世界各地から受託生産の依頼が届き、最先端設備（日本から輸入されたものが多かったが）で組み立てられていた。日本のハイテクメーカーは技術力は十分にあったものの、ファブレスほどの機動力もなければ、スケールメリットが出るほどの生産規模も実現できず、垂直統合というサイロの中でヒット商品を出せずじまいだった。

もちろん、食品の受託生産は珍しい話ではないし、流通のプライベートブランドを請け負う食品メーカーも多数存在する。食品と電子機器を同列には語れないものの、植物の異素材を組み合わせる分野から、精密発酵に至るまで、食品の生産構成の至る所でファブレスという存在が生まれ始めていることは注目に値する出来事だ。

2022年、ツナ缶世界最大手のタイ・ユニオン・グループが、欧米から代替シーフードの受託生産という事業に本腰を入れるという記事があった。欧州では代替ツナの販売を始めている。2021年にスイスの食品大手ネスレで20年以上マーケティングや研究開発を担当していた人物を引き抜き、同社の代替タンパク質部門のトップに据えた。

タイ・ユニオンの主力事業はツナ缶や冷凍水産物だが、培養スタートアップなどにも投資しており、代替タンパク質を次の事業の柱に据えようとしている。狙うのは欧州食品メーカーが提供する代替シーフードのOEMだ。タイ・ユニオン・グループは食のFOXCONNとなるのか？　代替タンパク質という新たな食品業界の水平分業化の方向性が垣間見える。

◆進化の予兆⑥　AIで加速するパーソナライズ食

アボットのフリースタイルリブレなど、グルコース値をトラッキング（追跡、分析）するデバイス＋アプリサービスは過去にも出ていた。侵襲式のセンサーを腕に装着し、その間体内のグルコース値を測定し続けるものだ。5年前は専用のリーダーを使ってグルコース値を表示させていたが、今ではスマホをかざせばアプリ内に数値が表示されるほか、最新のものはスマホをかざさなくても常に測定し続け、血糖値スパイク（食後の血糖値が急上昇と急降下を起こす状態）が起こればアラートが鳴る。ただ、この侵襲式のセンサーが機能するのは２週間だけだった。

ここにＡＩが登場する。例えばJanuaryAI（ジャニュアリーＡＩ）のサービスは、２週間フリースタイルリブレで計測したのち、その２週間データからアルゴリズムを構築し、グルコース値を予測するサービスを提供している。２週間センサーを装着した後は、もうセンサーをつける必要はないのだ。

血糖値スパイクが起こる傾向がわかると気になるのが「何を食べればいいのか」ということだ。何をどう食べたらスパイクが起こり、何を食べれば起こらないのか。

Elo Health（エロヘルス）は、取得した生体データから、必要な栄養素をグミにして提供するサービスを行っている。グミを製造しているのは、３Ｄフードプリンターを使ったパーソナライズグミの製造・販売を行っている英国企業、Rem3dy Health（レメディ・ヘルス）だ。Elo HealthがＡＩを駆使してグミを設計している。２０２３年にはサントリーがRem3dy Healthに出資しており、日本国内でもパーソナライズグミのサービスを展開している。

◆進化の予兆⑦　生成AI時代のレシピとは？

２０１５年頃から始まった調理家電のＩｏＴ（Internet of Things：モノのインターネット）化。オーブンレンジや冷蔵庫などがインターネットにつながり、２０２１年の感謝祭の時期には、ＧＥアプライアンスが、WiFi付きオーブンレンジに対して、「七面鳥モード」を「配信」した。まるでスマホのように、オーブンレンジのメニューをアップデートできる格好だ。すでに家庭のキッチンにある購入済みの50万台のオーブンレンジが「七面鳥モード」を獲得したのだ。調理家電も後からアップデートできる時代の到来である。

サムスン電子は世界の家電メーカーの中でも最先端のキッチンＯＳ[*5]を展開している。サムスンフードと呼ばれるそのアプリは、冷蔵庫にある食材（サムスンの冷蔵庫であれば冷蔵庫内蔵カメラで食材を検知する）をベースに、さまざまな条件を加味してレシピを提案するほか、作りたい料理に足りないものがあれば、ショッピングリストを作成してそのままオンラインで注文することもできる。

ＣＥＳ２０２５では、サムスンの健康管理アプリ「サムスンヘルス」と連動させた展示を行っていた。健康状態に合わせて食べるべきものを選ぶこともできるし、レシピも生成される。レシピはオーブンなどの調理家電に送信することができるので、自分で調理家電をマニュアルで操作する必要もない。

「こんなにデジタル化してユーザーは使いこなせるのか？」「そんなにデジタル化しなくても、料理ぐらいできるのではないか」と思われる方もいるかもしれない。しかし、料理は慣れていない人にとっては難しいものだ。かけられる時間は少ない上、失敗も許されない。日本人は比較的料理をする人が多いが、魚を捌（さば）ける人は３割しかいない。レシピは実は情報量が少なく、失敗する確率も高い。

そこで登場するのが生成ＡＩである。ChatGPT のような対話的かつパーソナライズされた提案ができるインターフェースが実現すると、こうした複雑なデジタル機能を使いこなせるユーザーも増える。また、これまでのレシピが５～６ステップで手順を教えるものであったのが、「対話的レシピ」になると、わからないところだけ詳しく教えてくれる、といったようにレシピも「パーソナライズ」されていく可能性もあるのだ。

◆進化の予兆⑧　こだわりの調理方法を実現する家電

調理家電の進化の方向性はＩｏＴ化だけではない。オーブンレンジが発明されて以降、調理家電での技術的な進化はそれほど起こってこなかったが、ここに来て、今までにない調理方法を実装した家電が出てきている。

オランダのスタートアップのセヴィがＣＥＳ２０２４で展示していたのは、電流を食材に流すという特殊な加熱技術を使った低温調理器だ。食材全体に同じ熱量が供給できる仕組みになっており、調理時間が圧倒的に短くなる。マフィンの場合、焼き上がるまでわずか４分だ。加熱時間が短いため、素材のおいしさや栄養価を逃さない。塩分や砂糖の使用量、エネルギー使用量も減らせる優れものだ。

英国のスタートアップのシアーグリルズは肉の焼き加減にこだわる。肉の厚みや好みの焼き加減から、自動で温度や調理時間を調整するＡＩ搭載グリル「Perfecta（パーフェクタ）」を開発。赤外線のバーナーによる加熱で、バーガー6枚を1分半で焼き上げる。箱型のグリルは従来の上下から焼くだけでなく、左右からも加熱するため焼き上がりが速い。

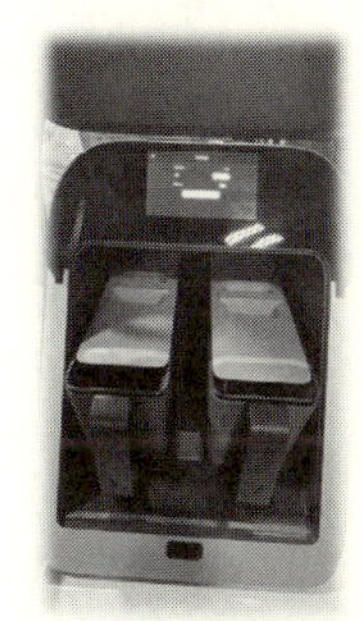

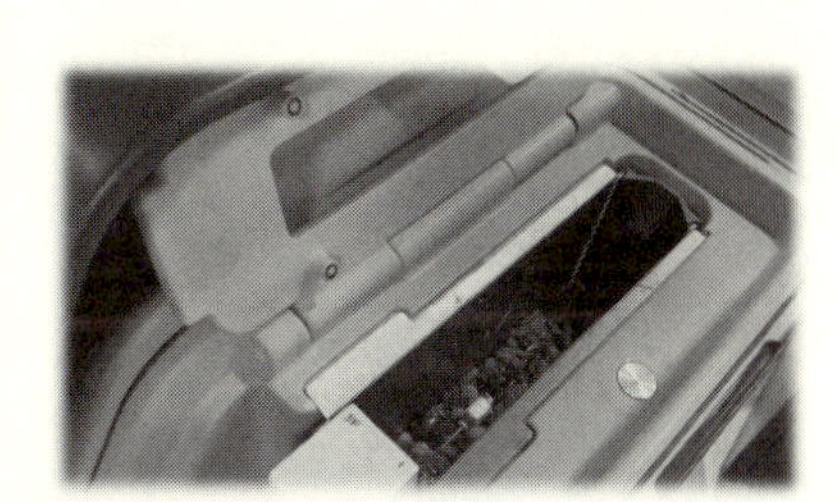

Sevvy の低温調理器（CES2024 にて UnlocX 撮影）

Perfecta（CES2024 にて UnlocX 撮影）

米国スタートアップのFromaggio（フロマッジオ）が発表したのは、チーズを作る家電「Smart home cheese maker」。牛乳とレンネット（酵素）のような材料を入れると、自宅でモッツァレラチーズを作ることができる。クリームチーズからヨーグルトまで、さまざまなレシピに対応して家電が動く。

汎用的（はんようてき）になんでも自動調理をする家電がある一方で、完璧な形で作りたい人向けに特化して人間の創作・調理意欲を沸かせるような家電が出現していることも、ここ数年のＣＥＳから見えてきたことだ。

ここまで、フードイノベーションのこの5年間の進化について見てきた。こうした進化を読者の皆様はどれほど感じておられただろうか。

私たちが毎日の料理や買い物、食べているものについて、大きな変化を感じるとすれば、物価の高騰や、外食産業の人手不足、ノンアル飲料の台頭といったようなことがあるとは思う。この5年間はパンデミックもあり、生活者の行動や価値観も大きく変化したタイミングであったわけだが、一方で実はパンデミック前から議論があったのは食料安全保障であった。さらに、２０２３年の生成ＡＩの登場で、世界の食の産業はその成り立ち、構造から大きく変わりつつあるのだ。

日本食のブランドはまだ健在だ。海外からの観光客は日本食を堪能しているし、海外にいけば日本食を扱うレストランが数多くある。東京にはミシュランの星を持つレストランが世界一たくさん存在すると言われている（ちなみに2位がパリ、3位は京都だ）。食品加工の技術力、飲食店のクオリティの高さは世界トップレベル。しかし、これを日本は維持できるのか。次の次元に進化させていくことができるのか。これからの食の未来はどうなるのか。次章では、食の未来を描く上で押さえておきたい世界の潮流をさらに深く見ていく。

＊1　ＣＥＳ：もともとConsumer Electronics Showの略。毎年1月初旬に開催され、50年以上の歴史を持つ。２０２５年時点で来場者数14万人、展示社数４０００社以上にもなる世界最大の技術見本市。現在では自動車からスマートシティ、ブロックチェーン技術に至るまで幅広い領域をカバーしている。サムスン電子やＬＧ、グーグルやアマゾン、インテルやエヌビディアなど、テクノロジー大手が集結する。日本からも毎年ソニーやパナソニックが大規模な展示を行っている。

＊2　ゴーストキッチン：複数のレストランが共有で調理拠点として使うキッチン。客席はなく、ウーバーイーツなどデリバリー注文への対応拠点として拡大した。

＊3　植物工場：閉鎖環境で水や光、温度を制御して植物を育てる施設。栽培の再現性が高く、都心や食品スーパーの近くに設置することも可能。複数階立ての構造も可能で、その場合垂直農法（バーティカル・ファーミング）と呼ばれる。

＊4　代替プロテイン：従来の畜産や漁業、養殖とは異なる方法で生産されたプロテイン。植物を用いて食感や味を食肉や魚に似せる植物性代替プロテイン、動物の細胞を培養する方法、精密発酵（遺伝子組換えを施した微生物を用いて特定の物質を作ること）で微生物を制御してプロテインを生成する方法などがある。

＊5　キッチンOS：レシピアプリがベースとなった、料理に関するさまざまな機能が集約されているオペレーションシステム。家族の体調やアレルギー、冷蔵庫にあるものに基づいてレシピを提案したり、レシピをプログラム化して調理家電に送信して操作したり、足りない食材についてネットスーパーと連携して買い物ができるようにする、といった機能を持つ。

第2章

食の未来を考える大前提

消費から生産へ価値が移る

この章では「食の価値」について考えたい。これからの食の価値のキーワードは**「regenerative（リジェネラティブ）」**だ。日本語では「再生成」と訳されることが多い。

リジェネラティブは、サステナブル（持続的）の次の概念とされている。

サステナブルは、国連が2015年に定めて全人類にSDGsを発信したように、地球環境へのダメージをできるだけゼロにしていくことを目指している。夏の猛暑や山火事、海面上昇のニュースを見ていると、気候変動を軽減していくために、持続可能性を価値軸に組み込むことは至極当然にも思える。

一方で、この持続可能性の追求は、17領域の数値目標にされてはいるものの、それを2030年までに全て達成できるかどうか怪しくなってきているという現実がある。そして、そもそも私たちが目指すべきは、地球環境へのダメージをゼロにすることだけでは足りず、人類が生きるのに必要なのは、自然からの恩恵を受けつつもなお、自然の再生能力をさらに強くしていくことにあるのではないか、という意見が提唱されるようになってきたのだ。

◆サステナブルからリジェネラティブへ

「サステナブル」が利益を追求しつつ自然破壊をゼロにすることを目指すのに対し、その次

図 2-1　退化と進歩の6段階

エネルギー消費量が少ない

REGENERATIVE（再生）
人間は自然として参加する

RECONCILIATORY（和解）
人間は自然に必要な一部分

RESTORATIVE（修復）
人間は自然に手を加える

進化

複雑さ、統合性、
総合性に富んでいる

複雑さ、統合性、
総合性に乏しい

SUSTAINABLE（持続可能）
ニュートラル

GREEN WASHING
（環境に配慮しているように見せかける）
相対的な改善

退化

CONVENTIONAL PRACTICE
（従来のやり方）
法を犯す一歩手前

エネルギー消費量が多い

出所：ベルギー連邦保健・食品チェーン安全・環境庁（FPS）

の段階に「リストアティブ」（自然と共生しながらプラスのインパクトを出すこと）、そして「リジェネラティブ」（自然にも人間にもネットプラス「全体にプラス」の効果をもたらすような状態を実現すること）がある（図2－1参照）。

東京大学大学院工学系研究科都市工学専攻特任講師の中島弘貴氏は、リジェネラティブの本質を人間も自然の一部と捉える社会生態系の回復・繁栄であると捉えている。中島氏は、リジェネラティブの特徴として「共進化（一石N鳥）」を挙げている。1つのことにN個の価値を複層的に重ねていくことでネットプラスの状態にしやすくなるからだ。つまり、私たちは成長を求めるならば、一石N鳥、三方よしならぬN方よしを実現し、あらゆるものが共に進化していくことを目指すべきなのだ。

自然破壊をくい止め、価値創造、新市場創造を目指していきましょう、というのは、言うは易く行うは難しに思える。そもそも、この「リジェネラティブ」の時代は、何が価値として評価されるのか、一石N鳥はどうやったら目指せるのだろうか。この「リジェネラティブ時代の価値」を考えているかいないかで、未来シナリオが全く変わってくるので、今筆者たちが考えている仮説をここに綴ってみようと思う。

◆私たちはいつから「目指すべきは経済的価値」と考え始めたのだろうか

そもそもサステナブルを意識しなければならなくなったのは、人類が「経済的価値」を追求するがあまり、「自然資本」を破壊してきたことにある。食産業も追求しているのは「経済的価値」である。もちろん、おいしさや機能性成分や体験価値などさまざまな価値を提供しているわけだが、食産業としてはそれらを対価に変え、消費してもらわなくてはいけない。それを最小限のコストで実現することが産業には求められる。私たちはいつから「目指すべきは経済的価値」だと考えるようになったのだろうか。私たちは「経済的価値」以外を追求していた時代はあったのだろうか？

思い当たるのは「産業革命」だ。この頃から技術がスケール化し、大量生産大量消費の時代につながっていく。この「産業革命」の時、どのような価値転換が起こったのかを改めて見ていきたい。

産業革命以前に何があったのか。産業革命が起こる３５０年ほど前、ペストが流行し、神に祈ろうとも人々は病に倒れていく。そんな中で、神が創造したとされて聖域だった物事の「理（ことわり）」を、あらゆる科学・知見を使って発見していく「文藝復興＝ルネサンス」が起こった。神や王を絶対視する理念から、人文主義に移っていったのである。都市国家が生まれ、メディチ家はこうしたルネサンス期の文藝復興を金銭的にも支援した。まだ「人権」という概念はなかったが、人間という存在を強く意識するようになった時期と言える。

人間の身体のメカニズムを知りたいと、人は人間の絵を描きまくり、彫刻を作り、天文学や物理など、自然界の動きのメカニズムを明らかにしようと多くの賢人たちがタッグして知

Industry1.0	1700- 産業革命
Industry2.0	1800- 大量生産
Industry3.0	1970- コンピュータの利用
Industry4.0	2010-AI/IoT 知的活動の自動化
Industry5.0	2021 人間中心で環境変化に対応した持続可能な産業

を集積させた。これによってさまざまな技術、特に自然科学の発展が起こった。海洋航路も発達し、遠くのインドから香辛料を輸入する貿易も生まれた。「東インド会社」が興ったのもこの頃だ。

こうしてルネサンス期の技術発展や知識発展が、産業革命につながった。経済成長こそが国力であり、人間の豊かさであり、その原動力は技術の発展にある。そんな構図が定着したのは、産業革命以降と考えられる。

産業革命を起点とした経済発展の数百年、私たちは「経済的利益をもたらす価値」を追求してきた。産業の潮流を時代ごとにまとめると上表のようになる。

産業革命の100年後には、Industry2.0として大量生産の時代が到来したが、1970年頃にはこのままでは天然資源が枯渇すると叫ばれ、環境問題も取り上げられ始めた。しかし、この頃からコンピュータが産業界で導入され始め、デジタルが発展すると天然資源問題の重要性は相対的に低くなった。限界費用ゼロ社会の到来であった。経済発展を遂げた国では、物質的な豊かさが実現した。

◆経済的価値追求が生み出した副作用

しかしここにきて、経済発展をすれば人間の暮らしも豊かになるのだという「信念」のようなものが崩れつつある。ＧＤＰが伸びても、幸福度は一定以上には伸びない。大量に生産し、大量に消費をしても、心は満たされない。資源の枯渇問題には「デジタル」という解決策が示されたが、一方でデジタルで得た利益はほぼ富裕層のもとに留まる不平等さも社会には根付いている（２０２４年のトランプ返り咲き勝利も、こうした背景が一部影響しているのではないかと思う）。そのデジタル世界では、ＡＩが人間の思考力を上回るようになり、人間の存在意義が問われるようになっている。

こうしたなかで、単に環境問題を解決しようということだけではなく、これを最優先課題としながらも、私たちが目指したい社会とはどのような社会なのか、私たちが生み出したい

図 2-2　経済成長の恩恵は一部の富裕層に集中するばかり

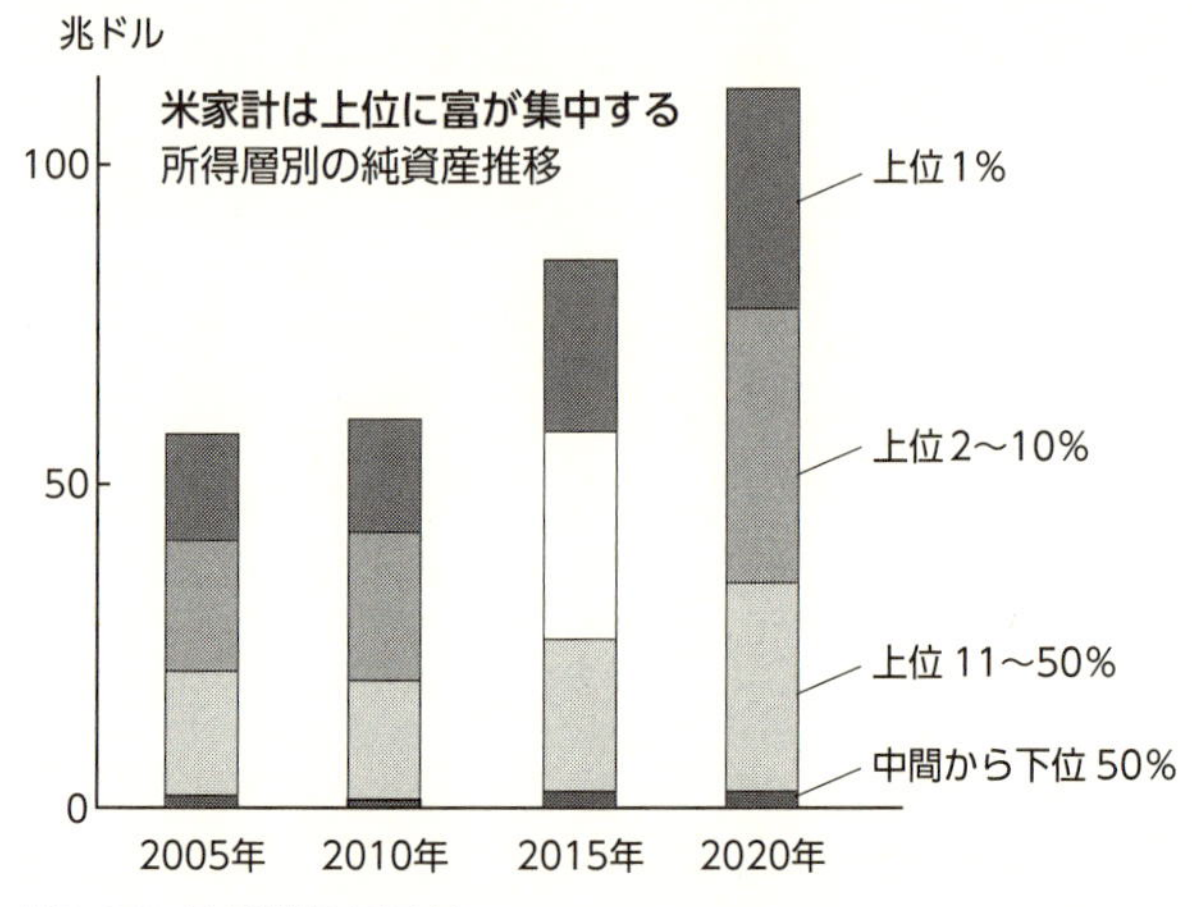

出所：FRB（連邦準備制度委員会）

価値は何なのかという議論が巻き起こり、そのキーワードが「リジェネラティブ」なのだ。

◆都市再生から見えるこれからの「価値」

では、私たちはこれからどのような価値を生み出していきたいのか。**2つの仮説がある。1つは、それは「価値」が多元化していくこと。**中島氏の言葉を借りれば共進化であること。つまり、1つの行動にさまざまな価値を重ねていくことである。近江商人の三方よし（売り手よし、買い手よし、世間よし）がこれに近い。

もう1つは、「コスト＝価値」に変わっていくのではないかという仮説だ。つまり、労力をかけて作ること、自らの身体を使って移動したり感じたりすること自体が価値になるということだ。**プロセスエコノミーという言葉にもあるように、**プロセス自体に価値を感じることもその1つではないだろうか。

これはアーバン・リジェネレーション（Urban Regeneration：都市再生）など、街づくりの事例を見るとわかりやすい。

かつての都市開発は、緑化を行い、高速移動できるよう交通整備を行い、高層ビルを建設し、人々が働き消費する場として構築されてきた。しかし、今はむしろ都市に自動車を入れないようにして都市の排ガスを減らし、歩ける道を増やす「歩行可能な都市（Walkable Cities）」化が進んでいる。歩くことでより健康になり、加えて車では見過ごしてしまうような街の飲食店や住人との付き合いが増える、といった施策だ。

いま、Walkable Citiesを標榜（ひょうぼう）する都市が非常に増えている（ロンドン、パリ、ストックホルム、シンガポール、メルボルン、ソウルなど）。リジェネラティブ・シティを標榜するところには必ずといっていいほどWalkable City施策がある。歩くことは時間がかかり、生産性は低くなるのだが、それ以上に健康や社会性を育む価値創出がなされている。

公園を作って緑化を図るよりも、都市農園を作って人々が自ら植物を育て、収穫する。そんな動きも増えている。全て行政で決めるよりも、住民の意見を実装する余白を作る。住民を議論に加えることで議論のコストは上がるかもしれないが、議論に参加した住民は街づくりへの主体性が生まれ、結果的に街をいい方向に導く活動に熱心になる。都市は単なる消費や労働の場ではなく、住民がつくり出していけるもの、そんな考え方が生まれているのだ。

東京大学大学院工学系研究科都市工学専攻の中島直人教授は、著書『アーバニスト』のなかで、さまざまな専門性を持った都市生活者が「アーバニスト」として街づくりに関わっていくことの重要性について述べている。

イタリアのボローニャに拠点をおくフューチャー・フード・インスティチュート（FFI）は、フードシステムをリジェネラティブにしていくための活動をしている。

その活動の一環として、〝リジェネレーション〟を街に実装するため、世界の各地にリビングラボを作っている。リビングラボとは、企業や行政の新しい取り組みやイノベーティブな事業を、地域単位や大学キャンパスなどで実装し、そこに暮らす大人、子ども、観光客やその街で働く人々など、あらゆる関係者に体験してもらい、意見を収集しながら、磨き上げていく活動だ。そして街や食に関わるさまざまなステークホルダーがアクションプランについて話し合う「Regener Action（リジェネラクション）」という取り組みを行っている。ＦＦＩではメディチ家の古いワイナリーや、南イタリアの古城をリビングラボとして再構築している。こうした動きが、かつてのルネサンスが勃興したイタリアで活発になっていることが興味深い。

図2-3　都市での施策の価値転換

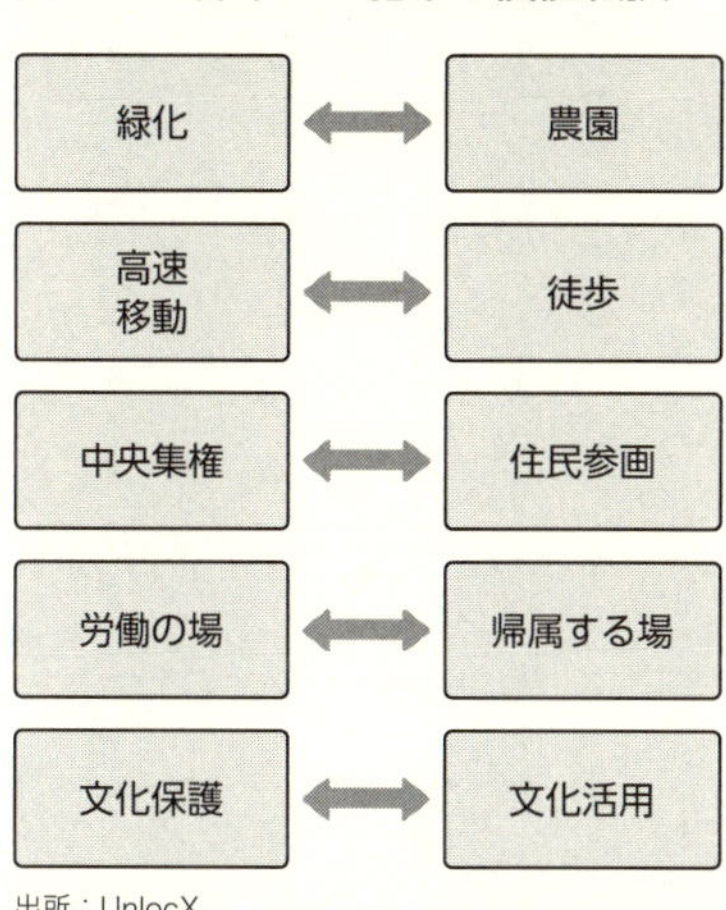

出所：UnlocX

日本の不動産企業もリジェネラティブな街づくり構想を打ち出している。東京建物は、ＦＦＩと共に、「Regenerative City Tokyo」構想を発表し、八重洲・日本橋・京橋エリアを中心に、２０２７年末までに地球・社会・人々のウエルビーイングを向上させる共創イノベーションプロジェクトを10以上創出することを目標としている。

特に注目しているテーマは「食」だ。２０２

4年11月には、スペインのバスク地方のサン・セバスチャン（美食の街として知られる）に拠点を構えるバスク・カリナリー・センターの次世代教育・事業共創プラットフォーム「ガストロノミー・オープン・エコシステム（ＧＯｅ）」と共同で、「Gastronomy Innovation Campus Tokyo（GIC Tokyo）」を東京建物八重洲ビル内に開設。GIC Tokyoでは、食に対して全方位からアプローチするさまざまな教育プログラム、３Ｄフードプリンターなど最先端の機器を備えて、フードテックの実践、実装に力を入れる。

三井不動産の日本橋街づくり推進部長の七尾克久氏は、２０２４年11月に『ＷＩＲＥＤ』日本版とUnlocXのポッドキャスト番組「Tokyo Regenerative Food Lab」のなかで、日本橋の街づくりのキーワードとして、「経年優化」を挙げていた。街づくりのハードな部分は通常、歳月と共に劣化していくものだが、街のコミュニティや文化は歳月と共に深まり、醸成され、その土地になくてはならないものとなっていく。こうした考え方も、「価値転換」を表していると言えるだろう。

生産性だけで測っていた価値を多方面から見直してみる。そうすることで、今までコストだと思っていたことが実は新しい価値に見えてくる。「価値の多元性」をベースに生まれるのが、もしかするとこれからの産業創造のあり方かもしれないのだ。

◆多元的価値事例：テレビの存在価値を問う

40代以上の方であれば、カメラと音楽プレーヤーと電子辞書とゲーム端末と書籍や地図をそれぞれ持って出掛けていた時代を覚えているだろう。今やそれが1つのスマートフォンに集約された。

かつてはデジタルカメラ、音楽プレーヤー、電子辞書、ゲーム端末それぞれに市場が存在していた。もちろん今でも市場はあるのだが、デバイスとアプリケーションが一対一対応ではなくなり、この項の筆者（田中）がパナソニックに勤めていた頃、スマホの時代になってからは市場規模を算出するのに一苦労するようになったことを覚えている。これはある種の「機能集約」であって、価値を重ねていく現象であったように思う。

デジタルデバイスの「多機能化」が進む中で、少し異色の進化を見せたものがあった。それは2017年頃登場した、サムスン電子のアートコンテンツ付きのテレビ（「ザ・フレーム」）である。これは、テレビを見ていない間、アートを表示させる機能がついていて、アートコンテンツを購入するサービスもついているというものであった。

この頃、デジタルテレビ市場は日本のシャープやソニー、パナソニックが世界市場でトッププレーヤーに入っており、そこに韓国メーカー、中国メーカーも参入して、激戦市場であった。ディスプレーには液晶タイプと有機ELタイプがあり、いかに大型化・高精細化し、生産コストを下げられるかが競争のポイントであった。

ソニーにどうしても機能面で勝つことのできなかったサムスンは、家庭に置かれたテレビという存在の価値について改めて問い直すことから始めた。そこで気付いたのは、テレビというのは使っていない時はリビングに鎮座する真っ黒い板で、非常に不気味な存在であるということだった。大型化すればするほどその不気味な存在感は増していく。多くのテレビメーカーは、テレビを使う時間を増やそうと、さまざまなコンテンツサービスをテレビに内蔵し、YouTubeやネットフリックスを見られる機能を搭載させた。一方で、サムスンは使っていない時間にアートを表示させることで、ユーザーの暮らし自体に溶け込ませようとしたのだ。

使っていない間に発生していたネガティブな状態を新しい価値に変えたという意味で、面白い価値転換である。サムスンは若い現代アーティストの作品をサービスに使うことで、アーティストたちに新しいビジネス機会を与えることにも貢献した。こうした動きは、今考えるとリジェネラティブという考え方の走りであったかもしれない。

ちなみにサムスンはアートディスプレー付き冷蔵庫「ビスポーク」も発表している。

◆フードテックの本質とは

話を食に戻そう。

実は私たちは、食に多元的な価値があること、創造的価値があることを直感的に知っている。食は食べることも喜びであるが、育てること、収穫すること、料理することなど、時間も費用もかかることにも大事な価値が詰まっている。新鮮な旬のものもおいしいし、時間をかけて発酵、熟成させたものもおいしい。日本人は食の多様な価値をずっと享受してきたし、それを「文化」として大切にしてきた。しかし、特に戦後、飢餓から脱し経済成長を目指す上で、食においても利便性、生産性を相当に追求してきたため、食の多様な価値を忘れかけているかもしれない。

筆者たちは食の多様な価値を食のロングテールニーズ（図２－４）と呼んできた。利便性が求められるなかで、実は「時間をかけて料理をしたい」とか「食を通じて人とつながりた

図 2-4　食のロングテールニーズ

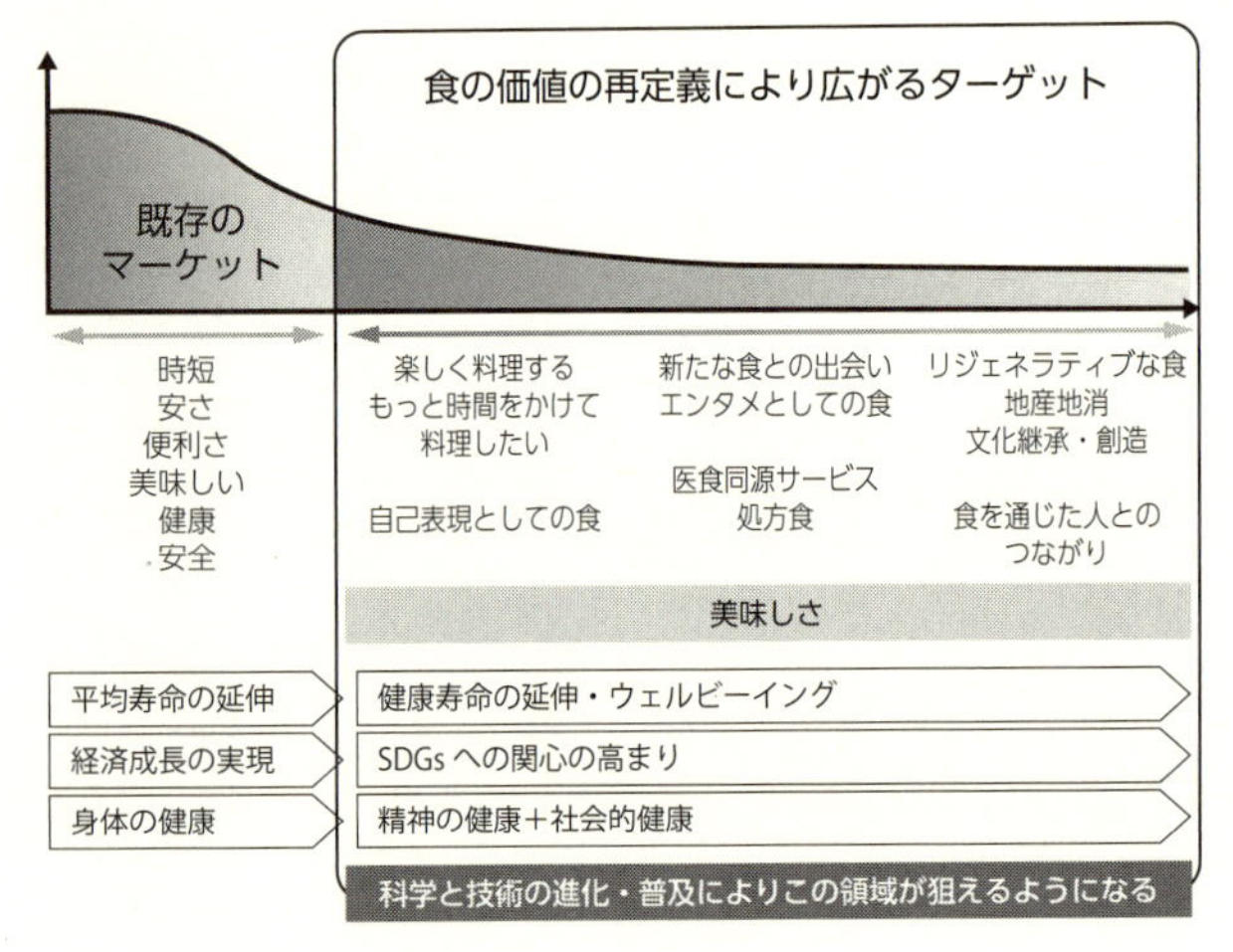

出所：シグマクシス（一部改変）

図 2-5　食に求める価値

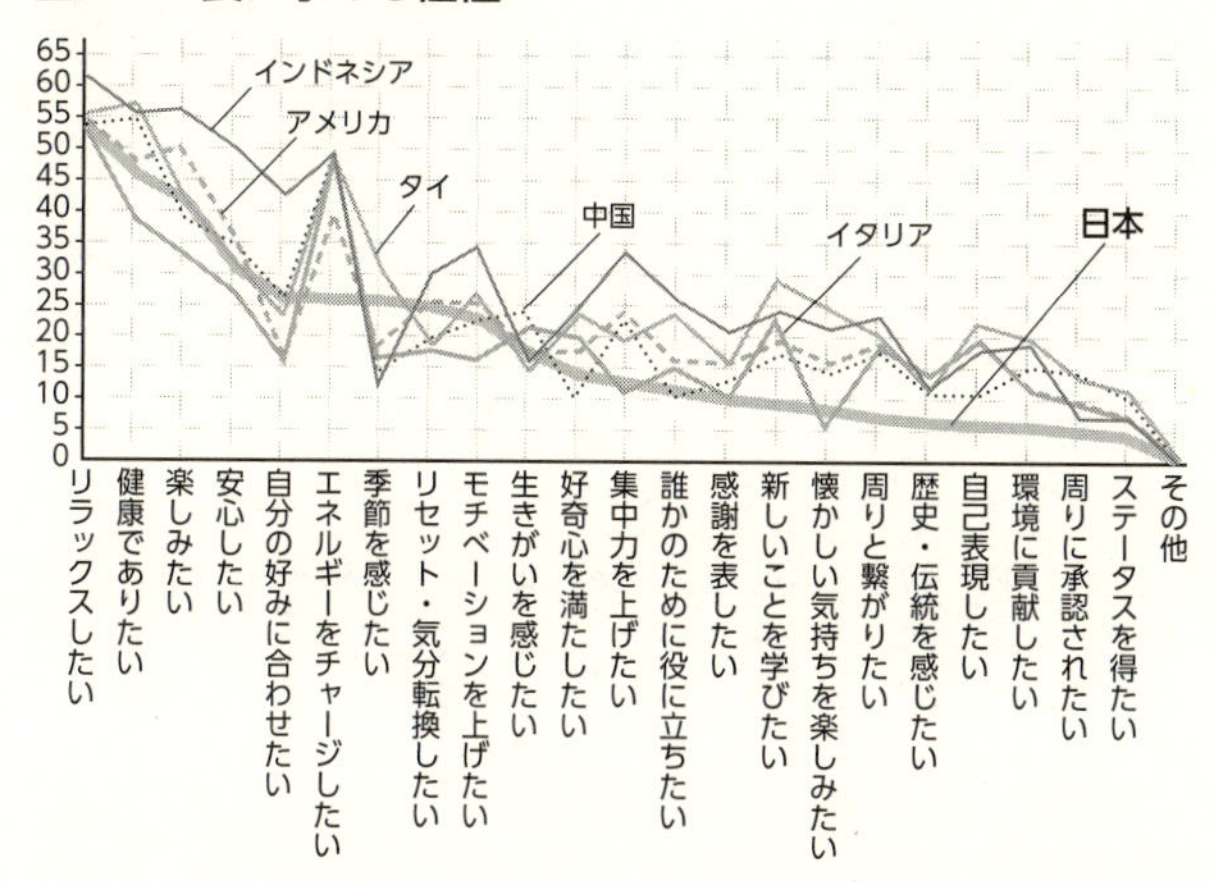

出所：シグマクシス Food for Well-being Survey（2020年10月）

図 2-6　FUTURE FOOD VISION Ver1.0

what future do you want to invent?

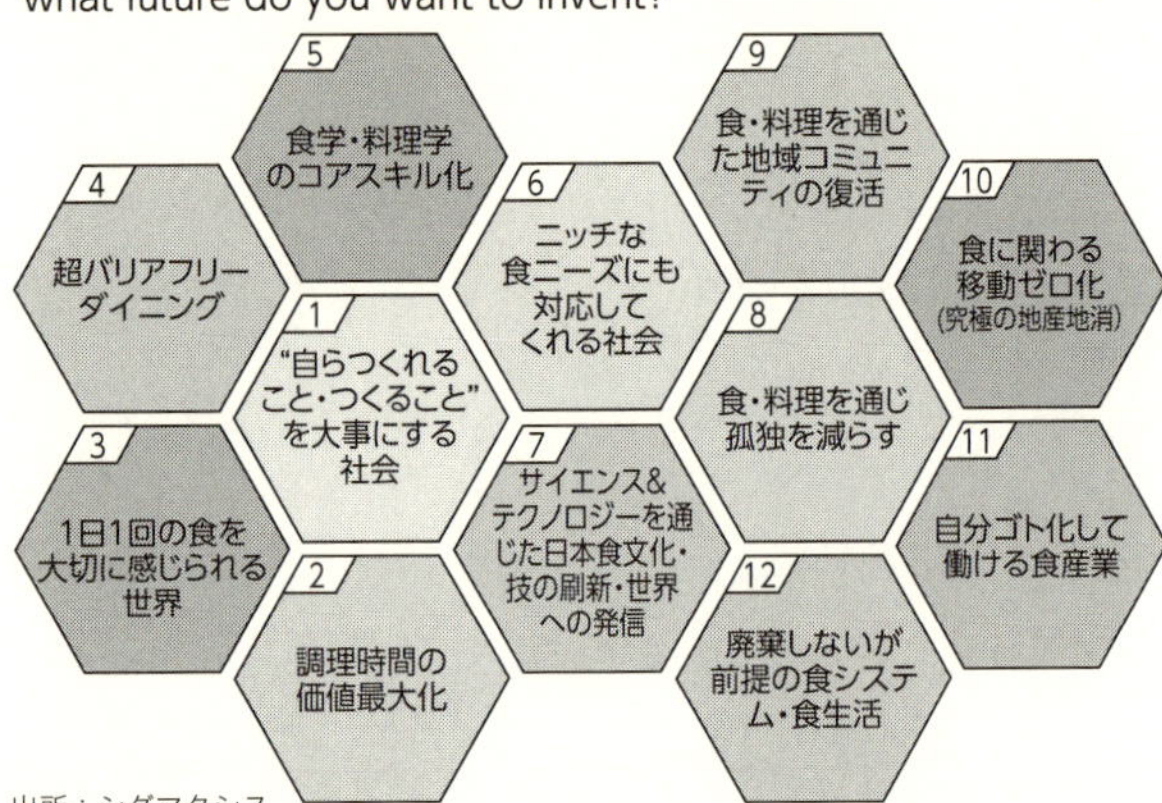

出所：シグマクシス

い」というニーズが存在する。筆者らがコンサルティング会社シグマクシスに在籍していた時に行った「Food for Well-being 調査」では、「Food for Well-being 調査」では、食を通じて「生きがいを感じたい」「新しいことを学びたい」「周りとつながりたい」といったようなニーズがあると答える人が5－10％は存在した。興味深いのは、米国、イタリア、タイ、インドネシア、中国といった、欧米アジアの各国が日本よりも高い割合、25％あたりを示していることだ。とはいえ、食は全人口が1日に何度も行うことであり、5～10％でも、低くはない。それに、生きがいを感じるためであれば、高い金額を払う可能性すらある。こうしたニーズは食費ではなく、旅行費や教育費という別財布になるのだ。このように、食は多様な価

図 2-7　共感する Future Food Vision

(185名；回答数275；複数回答；Sli.doを使い会場の参加者にヒアリング)

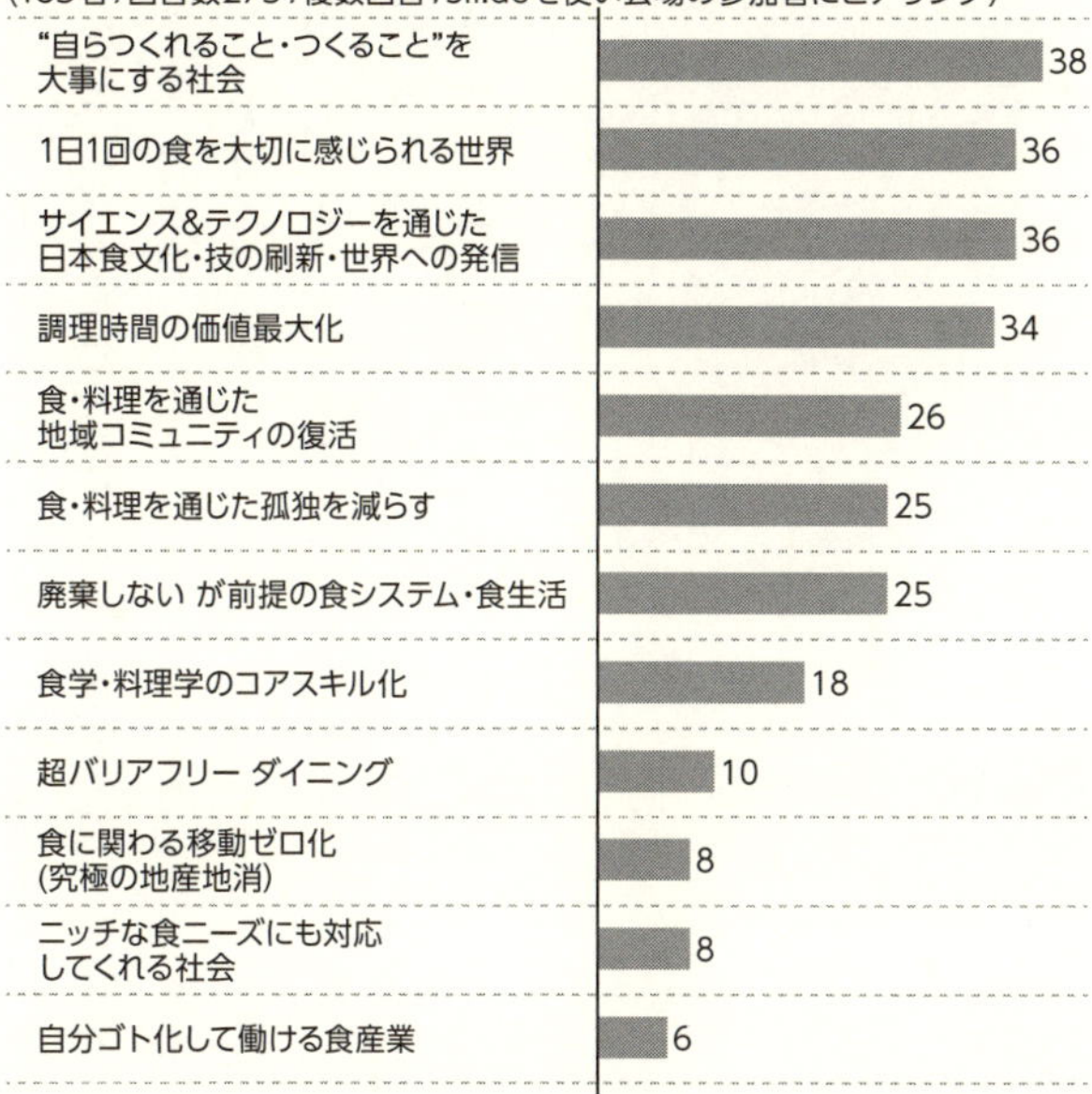

出所：シグマクシス（SKS JAPAN 2019）、一部改変

値を重ねられるというわけだ。

食の多元的な価値を実現させていく余地はたくさんある。私たちは食をリジェネラティブなものにしていくこと、そこにこそフードテック、つまり食の技術革新の存在意義があると考えている。

2019年に開催したフードテックのカンファレンスSKS JAPAN 2019で私たちはFUTURE FOOD VISION（未来の食ビジョン）を発表した。

どんな食の未来があったらいいか、12個の未来を提示し、会場にいたフードイノベーションに関わる参加者たちに、どれに最も共感するかを投票してもらったのだ。その結果が図2－7にある。日本のフードイノベーターたちが最も共感したのは、「自らつくれること・つくることを大事にする社会」だった。リジェネラティブという言葉がまだ浸透していない中だったが、私たちは「つくること」を大事にしたいと、もともと強く思っている社会なのだ。

Regenerativeという言葉は、外国語ではあるものの、私たちにとってこの概念は産業のDNAとして培ってきたものであるように思う。日本が大切にする価値の発信が、この世界が価値転換していく局面に非常に重要なのではないだろうか。

コラム　リジェネラティブを目指す企業とは？

企業のあるべき姿も変化している。２０２３年に『ＷＩＲＥＤ』日本版が世界に先駆けて「Regenerative Company」を定義した。それによると、Regenerative Companyとは、「Multistakeholder（〝代弁者なき〟ステークホルダーにポジティブな影響を与える）」、「Plural Capital（多元的な資本を生み出し、その価値を測定する）」、「System Change（複雑なシステムに介入し、修復する）」に取り組む企業である。

代弁者なきステークホルダーには、動物も含まれる。顧客至上主義や株主至上主義どころではない。多元的な資本には、経済資本だけではなく、文化資本や自然資本も含まれる。まさに多元的価値創出だ。そして企業にも「システム思考」が求められる。Regenerative、つまり多元的価値を再生成していくためにはシステムが必要なのだ。こうしたことを実現するために企業がある。

第3章

2040年の食の未来シナリオ

◆今なぜ食の未来シナリオなのか

今回筆者たちは、第2章で述べたように、「創造すること」と「多元性があること」が、「未来の価値」になる、と仮説を設定し、未来のシナリオを考えてみた。

未来シナリオとは、未来のある時点における社会や生活、経済活動などのシーンについて、①その時点における社会や生活者がどのようなニーズを持ちうるのかの洞察、②技術や社会環境の変化の予測と根拠、③社会として人類として大事にしたい価値や哲学という観点から考察を進めた上で、解像度高く絵や言葉に落とし込み、ストーリーとして編集したものである。本書では、簡単なストーリーや解説に留めているが、読んでいただくとワクワクしたり、違和感があったりとさまざまな感想を持たれると思う。

創造的価値と多元的価値。それは現代の私たちから見たら「コスト」にしか見えない。だが、未来の私たちにとっては、とても楽しいことで、自由なことで、社会をもっと豊かにしてくれる価値なのかもしれない。そんな前提のもとに未来シナリオを作ってみた。

現在の多くのビジネスは、過去の傾向とこれからの需要や技術変化点を見て、今と同じ延長線上にある「未来予測」を行い、今やるべきことを決めている。やるべきかどうか決める重要なポイントは、経済的利益がちゃんと得られるかどうかだ。

　現時点の延長線上にあるため、一見、もっともな「予測」はできる。だが、その方法では、時に対症療法的なソリューションばかり優先してしまって、長期的な「私たちの社会がよくなるか」という視点、何よりも私たちがわくわくする未来の姿とリンクさせることが難しい。将来、どこかで非連続的な大きな価値のシフトが起きることを期待せざるを得ないのだ。では、何が起きればいいのか――。

　そこでまずは①２０４０年時点での未来を描く。そこから②現在に戻ってくるように予測（バックキャスト）する。当然、現時点では「有り得ない」未来像であり、現在とのギャップがある。そのギャップを埋めてしまうだけの「価値観の転換」が今後起きる前提でシナリオを描く。それが我々の未来シナリオである。

　こうしたアプローチで未来を語ることで、現時点との「ギャップ」が浮き彫りになる。そのギャップこそが「克服すべき課題」である。今後、どこかの段階で「価値観の転換」「パラダイムシフト」を起こさなければならなくなる。

　ニューヨークを拠点に活動するプロジェクト「ザ・フューチャー・マーケット」のマイク・リー氏は、２０２４年10月に東京で開催されたSKS JAPAN 2024において、なぜ今特に「食産業が（未来予測ではなく）未来シナリオを考える必要があるのか」について解説している。

まず第一に、食に関連する社会課題が複雑すぎること。飢餓、肥満、気候変動、さらに経済情勢まで、食はあまりにも多くの社会課題と接しているので、ボトムアップにそれらの課題の解決度合いを示しながら予測することが難しいこと。食は生活行動の1つであり、コンシューマー・テクノロジー（消費者向けの技術）、ヘルスケア、脳科学、あらゆる業界のテクノロジーの発展の影響も受ける。よって、SF小説を想像してみるように、ストーリーを考えながら想起していくことが重要だ。

第二に、食の選択は必ずしもロジカルになされないこと。食は毎日の活動であり小さな体験の集合体である。そしてなぜその行動を取ったのかがロジカルには説明しづらい。どう考えても食べるべきではない食品でも、食欲が理性に勝ち、食べることを選択する。「これを食べると10年後に病気になる確率が上がる」と言われても、その瞬間に空腹であれば食べることを選択する場合もあるだろう。極めて近視眼で感情的な行動である。ゆえに、未来の姿を論理の積み上げて説明されるよりも、「ストーリーとして話す」方が納得しやすいということだ。

筆者たちは未来シナリオを７つ考えてみた。生活者視点に立ったもの、産業視点・社会視点に立ったものがそれぞれある。

未来シナリオ①「作る」が広がる料理の未来
未来シナリオ②世界に開かれた循環型経済を目指す――「自給自足6・0」
未来シナリオ③「料理」だけではなく「食の生産」を前提とした家電がある未来
未来シナリオ④Unlockされたシェフが創る新たな食産業
未来シナリオ⑤誰もが食のクリエイターになる未来
未来シナリオ⑥パーソナライズ&ソーシャライズを実現する食
未来シナリオ⑦地方創生が目指すマイクロフードシステムモデル

シナリオ①、②、③は生活者の日常の視点から未来を見ている。料理をすること、食材を作ること、それを支える家電の未来を描いている。④や⑤はどちらかというと産業的な視点から見ている。シェフという存在が食産業の未来のカギを握ることや、一方で食を創ること

図 3-1　食の未来シナリオマップ

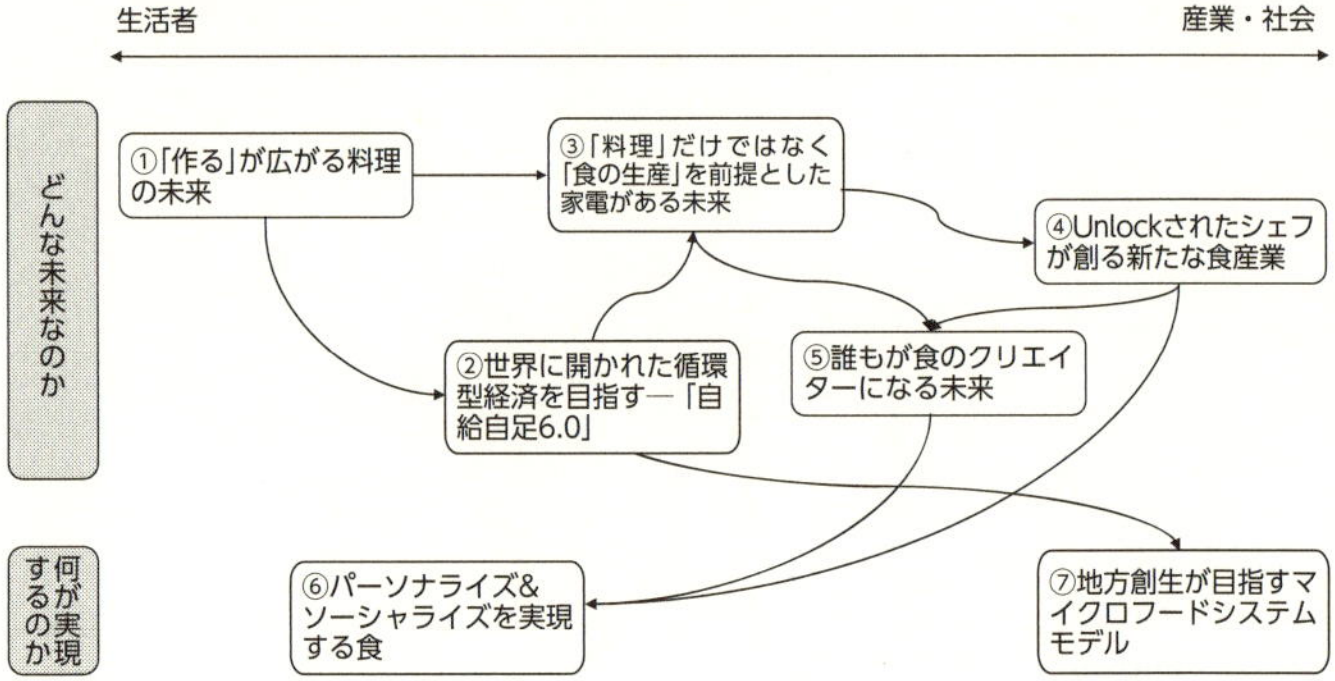

生活者 ←→ 産業・社会

どんな未来なのか

①「作る」が広がる料理の未来

②世界に開かれた循環型経済を目指す―「自給自足6.0」

③「料理」だけではなく「食の生産」を前提とした家電がある未来

④Unlockされたシェフが創る新たな食産業

⑤誰もが食のクリエイターになる未来

何が実現するのか

⑥パーソナライズ&ソーシャライズを実現する食

⑦地方創生が目指すマイクロフードシステムモデル

が民主化し、多くのイノベーターや生活者に創作意欲が沸き立つ未来がやってくる。シナリオ⑥は、私たちが食に対してどんなスタンスでいるのか、何を食べるのかをどう決めているのか、というストーリーだ。最後にシナリオ⑦は、私たちがつくりたいフードシステムの未来像を描いている。

7つの食の未来シナリオと、その実現に向けたアプローチとその結果何が生まれてくるのかを示したのが図3−1である。本書ではこの図をもとに未来を語っている。

前著『フードテック革命』で掲載した「フードイノベーションマップ」（現在ver.4まで更新）では、「食」という広大で複雑なテーマの中で起きている「新技術・トレンド」を整理・一覧できるようにまとめた。それに対して、この「食の未来シナリオ」の図は、未来に向かって、重要となるファクター（７つの未来）の因果関係を一覧化したものだ。未来の食に関して筆者たちは、この図を頼りに話していく。いわば「羅針盤」みたいなものだ。

未来シナリオを読んで、こんなこと実現できるのかと疑問に思われるかもしれない。だが、どうすれば実現できるのかについても、この後、議論していくので、**まずは頭の中で価値を転換させながら読みすすめてほしい。**

未来シナリオ①「作る」が広がる料理の未来

まずは、２０４０年の東京でのとある１日から、話をはじめよう。

２０４０年、東京で働く私にとって毎日楽しみにしていることがあった。自宅の冷蔵庫扉のディスプレーに毎朝都市農園情報が表示されて、今現在、自分が育てている苗が日に日にすくすく成長しているのを見ることができるのだ。

ここ数年で東京都心には屋外の都市農園や、屋内の植物工場が急激に増えた。夏を控え、私は現在5箇所の農園で5つの食材を育てている。屋外の都市農園で育てているのは、トマトとナスとトウモロコシ。高層マンションの屋内共有部に設置された植物工場ではレタスと米を育てている。

私のようなアーバンファーマー（都会での都市農園ユーザー）の定番は、主食、野菜、季節の食材を組み合わせた5点セットを育てることだ。もちろんスーパーでも食材は買えるのだが、最近はすっかり値上がりしている上、農園で新鮮なうちに調理されたり急速冷凍されたりしたもののほうが圧倒的においしい。もちろん全て自分で育てているわけではなく、会員同士協力しあって育てる仕組みになっており、プロの農家もケアしてくださるほか、シェフや食品加工のプロが折に触れて食材をうまく調理してくれるサービスになっている。

ちょうど今日、都市農園コミュニティから、栽培しているトマトが、糖度や酸味データから考えて、パスタのトマトソースにするのに最高のタイミングを迎えたという情報が届いた。苗を育て始めて2か月。自分は週1回ぐらいの割合で水やりに参加していて、今日という日がくるのを心待ちにしていた。早速パスタソースプロジェクトを立ち上げる。今日空き時間のあるスタッフが快くサインアップしてくれた。シェフネットワークに呼びかけ、今日2時間ほど時間が使えるシェフに協力していただくことにした。そういえば今日は会社の後輩からの相談ミーティングを予定していたが、料理をしながら行うことにする。

早速コミュニティキッチンラボを借りてパスタソースを作る。最適なパスタソースレシピはトマトのデータを見ながらAIが自動計算するが、やはりシェフの五感が一番頼りになる。シェフのアドバイスに従いながら、自分と後輩はトマトを収穫し、他の具材と合わせて切っていく。なぜか野菜を切りながらだと後輩も悩みを相談しやすいのか、本音トークが盛り上がり、困り事も解決。一緒に作ったパスタを頬張る後輩の表情は明るく、共に食べるのも幸せなことである。

さて、パスタソースの余りは急速冷凍して農園コミュニティのブランド名で販売することができる仕組みになっている。食品加工を専門とするスタッフがいるので、ラベル表示など細かいところにも手が行き届く。どこの都市農園で、どんな土で育って誰が手入れしてきたかがわかるので、透明性が高く安全で、このトマトの栽培に関わった農家の方やシェフ、販売できるよう加工してくれたデザイナーなどへのレベニューシェア（複数が協力して事業を行い、その結果として得られる収益を分配すること）もやりやすい。自分が栽培したものを誰かが買って食べてくれる喜びは何にも代え難い。昔ながらの家庭料理を作るのは苦手だったけれど、こんな形で関わっていると、もっと料理ができる気がしてくる。

2040年のストーリーをどのように感じられただろうか。**2020年代の料理と大きく違うのは、食材自体自ら栽培していること、料理をする場所が家のキッチンではなくコミュニティキッチンラボであること、一人ではなくチームを組んで料理をしていること、自分が作ったものを販売していることの4点だ。**現在の規制ではできないこともある。これこそが未来とのギャップではあるが、それがどう転換されていくのかを想像することで、ビジネスのヒントが見えてくる。

すでにこのストーリーの中に出てくる食材の栽培を実現できるスタートアップがある。2015年に設立されたプランティオは、IoTを活用した都市農園事業に取り組んでいる。世界で初めてプランターを発明した芹澤次郎を祖父に持つ芹澤孝悦（せりざわたかよし）は、プランターにIoTセンサーをつけることで、初心者でも失敗せずに都市農園で野菜を栽培できるようにした。IoTセンサーが、どのタイミングで水をやるべきなのか、どのタイミングで実がなるのかを、センサーで測っている積算日照時間や気温などから推測する。水やりが必要となれば、その都市農園に所属するコミュニティメンバーのスマホアプリに「水やりのミッション」が届く。一人で育てるのではなく、コミュニティで育てるのだ。

芹澤氏は、もし東京の空きスペースを都市農園に置き換えていけば、東京の食料自給率をかなり上げることができると述べている。プランティオはＩｏＴで収集したデータから、どこで何を育てるとよいのかなどを分析し、再現性を高めている。こうすることで、都市に暮らす生活者が気軽に「農的活動」を楽しめるのだ。自ら育てた食材を料理する楽しさは格別だ。

◆改めて見直される「作る」ことの価値

ここで、話は数年前の２０２０年、コロナ禍にまで遡る。COVID-19によるパンデミックが世界を襲った時、多くの人たちが外食という手段を奪われ、親族や友人らと食事を共にする自由を奪われた。

今後、食事をどうすればいいのか――。先行きが見えない状況で、人々が「料理」について向き合う機会が増えた。ステイホームが叫ばれるなか、家族のために１日３度の食事の準備に苦心した人もいたし、自分で料理をする楽しさに目覚めた人もいた。「料理」について関心を持つ人たちは自然と増えたかのように見えた。

ところが当時の「パンデミック」は、家庭での料理頻度を上げる結果にはなっていなかった。

クックパッド株式会社の調査によれば、「世界的に見て、コロナ禍以前から家庭で料理をする頻度は低下傾向にある」。この原因について、クックパッドは「近年一気に普及したフードデリバリーや健康に配慮した冷凍食品など、調理をしない選択肢がより充実したことが背景にあるのではないか」と推測している。

実際、首都圏において「時短に有効な料理を簡便化できる食品や調味料を使いたい」と考える人の割合は、1997年では38・4%だったのに対し、2022年には54・1%と増加している。また、フードデリバリーを利用する理由の第1位は料理をするのが面倒な時(55・0%)となっており、第2位の「自分では作れない料理が食べたい時」(33・6%)を大きく引き離してダントツの理由になっている。パンデミックに関係なく家庭で料理をする機会は減り、外食やデリバリー、冷凍食品など、料理がアウトソースされ、料理スキルはもはやなくてもいい方向に向かっているように見える。

一方、予防医学研究者でウェルビーイング研究に詳しい石川善樹氏によれば、「コロナ禍でウェルビーイングが良好な人がどのような人なのか」を調査したところ、「料理をするようになった人」だという。石川善樹氏は「【味の素パーク】たべる楽しさを、もっと。」の「Talk1 石川善樹「ウェルビーイングの鍵は料理にあった⁉」」というインタビューで、「世界中どこを探しても、女性より男性の方が料理をする頻度が高い国は１つもない。ただ、格差が小さい、つまり、男性が料理をする国ほど幸福度が高い」と述べている。料理という行為にはウェルビーイングを高める効果がありそうだ。

「自分で料理をする」ことの効果に注目しているのがグーグルだ。グーグルは社員用のカフェテリアが充実していることで有名だが、社内にキッチンを設置し、料理教室を開いていることはあまり知られていない。いくらカフェテリアで栄養価の高いメニューを揃えても、結局好きなものばかり選びがちだ。だが、自ら料理を習うと、食材や食べる順番などの知識も身につく。どれほど油や砂糖や塩を入れるのかなどを料理として体感することで、メニューを選ぶ際に食材を意識できるようになる。これにより、社員の健康度合いも生産性も上がるというわけだ。

違った側面を捉えた2つのコメントから何が言えるのか——。従来のように食事をすることだけを目的に「家庭で料理をする」機会は減るかもしれない。しかし、料理自体が自身の健康やウェルビーイングにつながる可能性があることを考えると、家庭外で料理をするシーンは増える可能性がある。

例えば、社員の福利厚生や研修などの観点から、社員に料理スキルを身につけさせたいと考える企業経営者が出てきてもなんら不思議ではない。そうした近未来では、「料理」が現代のままの「料理」の枠を超え、定義もイメージも広がっていくだろう。

◆料理の定義が変わる

前述のスペインのバスク地方サン・セバスチャンにあるバスク・カリナリー・センター（以下BCC）は、2009年に設立された、料理の学位（博士号）を得ることができる料理大学だ。この大学では、「料理」を食物の栽培から加工、調理、テーブルで提供するまでの全体の過程であると定義している。食材を切ったり加熱したりする調理の部分は、「料理」の下流工程にすぎないというわけだ。食材がどのように栽培・生育され（農業）、どのように加工されて（食品加工）流通し、どのように喫食されるのか、環境問題、文化、ビジネスの観点など、「料理は多角的なものとして理解されるべき」とＢＣＣは述べている。

また、今現在でも、料理自体を創造性を高めることに活用している例もある。株式会社コークッキングは、料理を「創造的かつインクルーシブ（包摂的）な協働活動」と位置付け、決められたレシピに沿うのではなく、グループで創発しあう料理ワークショップを実施している。その際に英会話を練習してみたり、介護の相談をしたりすると、そのことに集中している時よりもかえって話しやすくなることがあるという。私たちも参加したことがあるが、野菜を切っている時、食器を片付けている時は、なぜかしゃべりやすくなる感覚があった。

逆に、料理をマインドフルネスな行動（今、ここに意識を集中する行動）としてリラックスするために活用したり、社員同士の交流に活用したりなど、いろいろな目的を重ねる＝多元的価値を追求する動きもある。


料理の範囲や目的が変わると、携わるきっかけも広がる。料理と言われる行為の範囲が広がり、料理の目的も多様化するならば、家庭内でも「食事」以外の目的で料理をすることになるかもしれない。最大限利便性と安全性を追求しながらも、多くの人にとって、料理に関わる機会が増えるのではないだろうか。

未来シナリオ②世界に開かれた循環型経済を目指す――「自給自足6・0」

2040年、料理をする機会が増えるとともに、料理に使う食材に対しても人々の関心は高まっていくはず。だが、そう単純にはいかない。下がり続ける日本の食料自給率を鑑みれば、「食材」が豊富に調達できる将来（2040年）を描くにはどうも無理がある。しかし、仮に新しいイノベーションが起きていていれば、こんな未来像を描ける。

2040年に東京に住む私が、毎日冷蔵庫のディスプレーに表示される都市農園での野菜の生育状況を確認するのには、「いつ食べられるか楽しみに待つ」以外にも重要な理由があった。

実は都市農園で一定の収穫があれば、住民税が幾分免除される制度を東京都が実証実験していて、私もそれに参加しているのだ。先駆けて法人も都市農園や植物工場を活用して一定の農作物生産を行えば、法人税率が下がる仕組みがあった。今後、培養でプロテインを生成できるバイオリアクターにも適用されることになっている。例えば社員食堂で出さ

ChatGPT を用いて作成

れる食事の食材の一部を、自社の植物工場の生産物で賄っていれば、自社食料自給率が上がる、といった具合だ。

企業は農業従事者やフードサービス経営経験者を採用し、食料戦略を策定するようになった。自社食料自給率を上げて税金対策をすることはもちろんのこと、社員の健康、サステナビリティに貢献していくことなど、社内で食を扱うことが、多面的な影響、利益を及ぼす。

かつては空き地があれば駐車場ができるのが都会の常識だったが、排ガス規制と共に都市では自動車交通量を減らす方向にあり、空き地があれば企業がこぞって都市農園やコンテナ型植物工場、さらにはバイオリアクターを設置する動きが広がっている。

こうなってくると、レストランやスーパー、宴会場などから出てくる生ゴミも貴重なコンポスト（堆肥）資源で、回収して堆肥化するサービスも出てきた。コンポストの質が重要だ。欧州では家畜やペット、人間の排泄物すら、衛生状態を保ったまま堆肥化できる技術が開発され、実装している街があるという。2024年にイタリアのアグリツーリズムに参加した際には夢のように語られていたが、ついに現実味を帯びてきた。かつて排泄物は感染症の原因となっていたわけだが、21世紀も後半になれば、かつて江戸時代が大きな犠牲を払いながら行っていたように、技術で超循環型社会を実現できる可能性が出てきた。

このストーリーは、都市農園が完全に都市の食インフラとして実装された時の様子を描いている。

実際、世界の多くの都市でこうした都市農園の実装が進んでいる。ロンドンでは都市農園が3000箇所以上あるほか、シンガポールでは住宅開発庁がシンガポール食糧庁と協力し、公営住宅敷地内の立体駐車場の屋上に、都市農園や市民農園を設置。また高級ホテルであるパーク・ロイヤル・コレクション・マリーナ・ベイ・シンガポールの屋上には、シンガポール初のホテルの屋上農園が設置されており、60種類以上の食用ハーブ、花、果物、野菜が栽培され、収穫された植物はホテル内のレストラン、バー、スパで利用されている。

都市農園が都市の緑化につながるだけではなく、都市を食の生産地に変え、そこに住む人々が食の生産に関われる機会を得ることができる街づくりが広がっている。

◆日本の食料自給率はなぜ下がったのか

かつて日本の食料自給率は高かった。１９６０年にはカロリーベースで79％だったのだ。それが２０２３年には38％にまで落ち込んだ。これは農業労働従事者が高齢化したということもあるが、産業構造的な影響も大きい。一次産業は大変な労力の割には儲けが少ない産業になってしまったからだ。

食産業は、一次産業の産物を加工し、流通させる上で、さまざまな業者が入り込んでいる。農協、中間卸売、小売とバリューチェーンが長く、生活者に届くまでコストがかかる。それでなくても、家族経営で小規模な農家が多く、大規模化したり技術を投入したりしている経営体も少ない。その上で、国民の健康を維持するために、ある程度の低価格を維持する「公共性」も求められる。多くの企業が相当な工夫をして、今の食品価格を実現できるようにしているわけだが、薄利を多数の産業で分け合っている形だ。結局のところ一次産業に利益が配分される率は多くはない。

さらに、かつて日本は経済成長のために半導体や自動車など、高度な製造業の産物を輸出し、その代わり相手国から食料を輸入する政策をとってきた。安価な食料が輸入しやすくなり、ますます国内で生産することの優位性が失われていったのだ。

しかし昨今は、諸外国からの輸入に頼ることへの懸念が生じ始めている。2020年代から、世界は異常気象を繰り返すようになり、農作物はもちろんのこと、畜産や水産においても影響が出始めた。パンデミック、戦争、米国政治の不安定さも相まって、世界の潮流は自国主義へと移っていった。国際平和を前提に自由貿易で食料やエネルギー源を海外から調達してきた日本も、自国での農林水産業の生産性向上が重要な国家課題となった。農業従事者の平均年齢は年々上昇して70代となり、技術継承が難しく、加えて気候も変化している。農業分野はイノベーションが待ったなしの状態である。

◆あなたの食事の自給率は?

農林水産省が毎年調査している「食生活・ライフスタイル調査」の令和5年度の結果が実に興味深い。同調査では、30名の方に毎日の食事を撮影してもらい、いつ、何を食べ、食料自給率（カロリーベース）を予測してもらっている。図３－２にある27歳会社員の場合のとある１日はこのような感じだ。

朝食：韓国のり、白米、北海道プレーンヨーグルト
昼食：白米、ポトフ、煮浸し、赤辛もやし
夕食：炊き込みご飯、唐揚げ、納豆、トマト、味噌汁

本人が予測した食料自給率は、朝食90％、昼食90％、夕食75％だが、実際には、朝食79％、昼食20％、夕食53％となっている。本人としてはほぼ国産のものを食べているという認識だが、実際には相当輸入に頼っている。

他の方々を見ても、大半は本人が認識している食料自給率よりも、実際の食料自給率は低く、表３－１を見るとおおよそ10％以上差がある。

おそらく多くの人は、日本全体の食料自給率が40％を切っているとニュースで見たとしても、それを自分ごとと捉えていないのではないだろうか。自分自身は「国産」を選んで購入していて、輸入物はそれほど食べていないと思っている方も多いかもしれない。しかし、ほとんどの日本人は、1日の食事の自給率を平均してならすと40％程度になると思って間違いなさそうだ。つまり、私たちが食べているものの50％以上は海外に頼っている。

◆日本の「食」で世界の課題を解決する——自給自足6・0

食料自給率を上げるべきだからといって、「日本は食料自給率100％を目指すべき」というのも、2024年の現実を見れば取るべき戦略とも言えない。食料課題はグローバルに存在する。自給自足100％を達成したとして、もし自給自足を脅かす社会課題が勃発すれ

【夕食】20時40分

【メニュー／主な食材】
炊き込みご飯、唐揚げ
納豆、トマト、味噌汁

【食料自給率】
53％
（本人が予測した食料自給率）
75％

【コメント】
夫がいなかったので簡単に済ませられるものにした

図3-2　食生活調査の例

No.19　女性／27歳／配偶者と同居／神奈川県川崎市在住／会社員

1日目：8月18日（金）

【朝食】7時20分

【メニュー／主な食材】
韓国のり、白米
北海道プレーンヨーグルト

【食料自給率】
79%
(本人が予測した食料自給率)
90%

【コメント】
加工食品や残り物で、いつもと同じメニュー

【昼食】12時50分

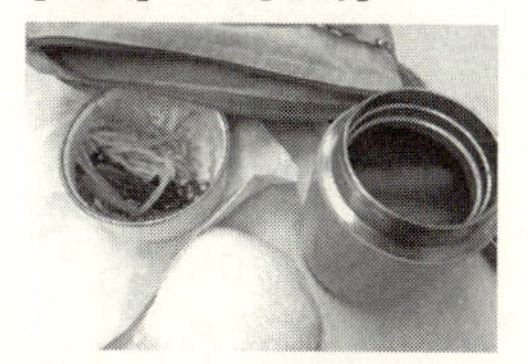

【メニュー／主な食材】
白米、ポトフ、煮浸し
赤辛もやし

【食料自給率】
20%
(本人が予測した食料自給率)
90%

【コメント】
休み明けでお弁当を作る気力がないので昨日の夜の残り物のポトフで済ませた

出所：農林水産省「食生活・ライフスタイル調査―写真調査―」
https://www.maff.go.jp/j/press/kanbo/anpo/attach/pdf/240628-3.pdf

表 3-1　農林水産省の調査より

食料自給率と予測の7日間平均

・対象者の食料自給率(カロリーベース)の7日間の平均値は、最小値は27%、最大値は64%で、30名の平均値は 40%であった。
・予測値との差が10%以内だったのは、男性は3名、女性は5名。

【対象者(30名)の平均値:40%】
単位：%

	食料自給率(7日間平均)	予測(7日間平均)
No.1　男性26歳/一人暮らし/北海道札幌市在住/会社員	28	37
No.2　男性32歳/配偶者と子どもと同居/兵庫県神戸市在住/会社員	35	81
No.3　男性31歳/配偶者と子どもと同居/栃木県足利市在住/会社員	38	51
No.4　男性31歳/配偶者と同居/神奈川県相模原市在住/会社員	35	70
No.5　男性28歳/配偶者と同居/静岡県焼津市在住/会社員	57	85
No.6　男性38歳/一人暮らし/千葉県流山市在住/会社員	31	68
No.7　男性44歳/配偶者と子どもと同居/神奈川県茅ヶ崎市在住/会社員	32	45
No.8　男性48歳/配偶者と子どもと同居/山口県下松市在住/会社員	41	32
No.9　男性45歳/配偶者と同居/神奈川県川崎市在住/会社員	36	54
No.10 男性47歳/配偶者と同居/福岡県糸島市在住/会社員	36	25
No.11 男性61歳/一人暮らし/千葉県柏市在住/会社員	39	46
No.12 男性70歳/配偶者と子どもと同居/神奈川県横浜市在住/パート・アルバイト	51	75
No.13 男性56歳/配偶者と子どもと同居/岐阜県揖斐郡在住/自営業	28	54
No.14 男性59歳/配偶者と同居/東京都八王子市在住/会社員	64	91
No.15 男性68歳/配偶者と同居/静岡県藤枝市在住/会社員	30	52
No.16 女性27歳/一人暮らし/埼玉県さいたま市在住/会社員	32	51
No.17 女性30歳/配偶者と子どもと同居/千葉県市川市在住/会社員	30	64
No.18 女性28歳/配偶者と子どもと同居/愛知県豊田市在住/会社員	27	46
No.19 女性27歳/配偶者と同居/神奈川県川崎市在住/会社員	56	82
No.20 女性33歳/配偶者と同居/福岡県糟屋郡在住/パート・アルバイト	44	77
No.21 女性40歳/一人暮らし/神奈川県横浜市在住/会社員	45	100
No.22 女性48歳/配偶者と子どもと同居/千葉県船橋市在住/会社員	45	50
No.23 女性48歳/配偶者と子どもと同居/茨城県鹿嶋市在住/パート・アルバイト	48	68
No.24 女性48歳/配偶者と同居/愛知県名古屋市在住/会社員	52	53
No.25 女性45歳/配偶者と同居/長崎県諫早市在住/会社員	39	52
No.26 女性58歳/一人暮らし/愛知県名古屋市在住/パート・アルバイト	37	50
No.27 女性64歳/配偶者と子どもと同居/東京都台東区在住/会社員	31	64
No.28 女性68歳/配偶者と子どもと同居/岡山県倉敷市在住/パート・アルバイト	37	44
No.29 女性59歳/配偶者と同居/大阪府羽曳野市在住/会社員	46	31
No.30 女性65歳/配偶者と同居/福島県福島市在住/専業主婦(主夫)	48	57

食料自給率 (カロリーベース)　予測との差が±10%以内　30名の中で最も低い値

出所：農林水産省「食生活・ライフスタイル調査―写真調査―」
https://www.maff.go.jp/j/press/kanbo/anpo/attach/pdf/240628-3.pdf

ば、たちまち私たちは命の危機に晒(さら)される。

国内の自給率を高めながら、世界の食料課題も同時に解決していくこと。世界のさまざまな社会課題に対して、日本の食という技で世界の食料課題解決に貢献していくことが、日本としての役割となろう。そう考えると、２０４０年までに、**私たちは単純に「これまでの自給自足」を目指すのではなく、新たな「自給自足」の姿を考え、そこにシフトしていく必要がある。**

自給自足のイノベーションはすでに日本で起きている。完全閉鎖型植物工場の手法で精密農業を実現しているスタートアップのプランテックスは、ＡＩを活用して精緻に環境を制御することで、植物の生産性や栄養価の向上、衛生状態の制御、そして効率的なエネルギー消費などをコントロール可能にしている。つまり、土がないところでも植物を栽培することができるということだ。都市の高層ビルでも地下空間でも可能なほか、砂漠やツンドラ気候のような場所でも可能になる。現在はレタスなど葉物野菜が中心だが、米や穀類も栽培可能だという。

発電所を作るのと同じように工場群を作れば、日本の食料自給率は確実に上げられる上、この技術は海外でも活用できるので、中東やアフリカ、シンガポールなどの都市国家など、世界各地で食料自給率向上に貢献できる。

また、前述のプランティオが推進する〝アーバンファーミング〟も、食料自給率向上に有効だ。ポイントは、都市に住む生活者が「農的活動」に楽しく参加することで、「食料自給率向上」を意識していようといまいと、結果的に食料自給率向上に貢献できることだ。自分が食べたいための栽培で構わない。しかし、植物の栽培に触れれば触れるほど、スーパーで並ぶ野菜を見る目も変わるし、農家に対する見方も変わる。農業に対する関心が高まることは、日本の食料自給率を上げる上で重要な一歩だ。


自給自足6・0。これは、Industry5.0がデジタルやＩｏＴを使って「人間中心で環境変化に対応した持続可能な産業」を目指したことの、さらに先の概念を打ち出したものだ。自国の自給率だけでなく、世界中と技や情報をつなげながら、一人一人がそれぞれの場所から食料生産の営みに参加できる可能性を広げていく。これを自給自足6・0と称している。

日本人にとって大切な「旬のおいしい食材」という存在を後世に伝えるために、技術で何ができるか、文化として何ができるか、考えるべき時がすでに来ている。

未来シナリオ③「料理」だけではなく「食の生産」を前提とした家電がある未来

◆「ネオ・三種の神器」①スマートフードボックス【≒Beyond〝冷蔵庫〟】

さて、今度は２０４０年の家電の未来に目を向けてみよう。料理の世界が広がり家庭で料理をする機会が増えていく未来。家庭に置かれている家電も、人々の意向に歩調を合わせながら進化していくはずだ。どんな家電が誕生しているか、「ネオ・三種の神器」のある世界を描いてみる。

高度経済成長期（１９５５－１９７３）の三種の神器といえば白黒テレビ、洗濯機、そして冷蔵庫であった。冷蔵庫は食品保存の利便性を圧倒的に高め、家庭になくてはならないものとなった。あれから半世紀以上が経っているわけだが、カラー化、液晶画面になったテレビやドラム式になった洗濯機に比べ、冷蔵庫という家電に大きなイノベーションが起こったとは言いがたい。

スーパーで買ってきた食材をとりあえず入れる場所でしかなかった冷蔵庫。では、冷蔵庫

図3-3　「ネオ・三種の神器」①スマートフードBOX【≒Beyond“冷蔵庫”】

ChatGPTを用いて作成

が食におけるスマートフォンのごとく進化したらどんな世界になるだろうか。その名もスマートフードＢＯＸ。とりあえず冷蔵庫にスマートフォンの画面があるような形としてみよう。

初めて一人暮らしをする大学生のＡくん。新居のアパートにスマートフードＢＯＸが届いた。Wi-Fiにつなげ、自分のスマートフォンとペアリングする。健康データ、アレルギー情報や飲んだことのある薬、両親がよく作っていた料理のレシピや食材、近くのスーパーの情報など、アプリや情報がＢＯＸにダウンロードされる。先ほどスーパーで買ってきた食材をＢＯＸの中に入れると、その食材の内容や栄養情報、賞味期限などが瞬時に認識された。翌朝、このＢＯＸの前に立つと、表情認識や睡眠データなどから、朝食に食べると良いものがお勧めされた。

ある日、A君は疲れがたたって高熱を出し寝込んでしまった。ネットスーパーやウーバーイーツで食べ物を注文できなくもないが、頭がぼーっとしていて注文するのも難しい。そんな時、遠くで暮らす母親がこのBOXに食品を補充してくれた。A君のボックスの中身は遠く離れた両親と共有している。それを見て、母親がA君のボックス宛に食品を送ったのである。ベッドから起き上がれず宅配が受けとりづらい状況でも、宅配ボックスとして、家の外からも開けられるスペースが導入され、受け取りが容易になったのである。

後半部分について、そんなピンポイントなニーズがあり得るのか？と思われた方もいるかもしれない。しかし、これは実際筆者が風邪と頭痛で寝込んでしまった際に痛切に感じたニーズである。もちろんスマートフォンが枕元にあるのだが、頭痛で朦朧（もうろう）としていてアマゾンやネットスーパーのサイトはおろか、スマートフォンの画面を見ることも、食べ物について考えることも難しかった。そんな状況は若者でも高齢者でも起こりうる。そんな時、もちろんロボットが助けてくれる方法もあるだろう。しかし、自分の家族や友人とキッチンがつながっている。あまりにも赤裸々に自分のデータがシェアされると恥ずかしいけれど、ＳＮＳがそうであるように、なんとなく最近何をしているか、何を食べているかがわかる。そんな感覚にホッとさせられるのではないか。

図3-4　「ネオ・三種の神器」②家庭用植物栽培庫

ChatGPTを用いて作成

◆「ネオ・三種の神器」②家庭用植物栽培庫

図3－4は、家庭菜園や小さなプランターで野菜を育てるレベルをはるかに超えた、野菜栽培を可能にする本格的な栽培庫。もはや小型の植物工場と呼んだ方がいいかもしれない。葉野菜だけではなくお米、穀物や豆類、根菜類も栽培可能だ。

ネオ・三種の神器としてのポイントは完全密閉で精密に生育環境を制御できること。これによって、いつ頃どれくらいの量を収穫できるのか予測ができる。さらに、料理をする日を決めてからいつから栽培を始めたらよいか逆算することもできる。こうすることでフードロスを防げる。気候変動によって、特定の地域で作れなくなった作物についても、気温や湿度を制御することでその特定地域の気候を再現することも可能だ。野菜を育てる時も「サラダモード」とか「煮込みモード」のような生育モードを選べるようになっている（かもしれない）。

こうなってくると、ある種、誰もが農業の担い手となる。すぐに食べる予定がなければ売買してもいいし、どこかで災害が起きれば育てた野菜を寄付することもできるはずだ。家庭内の食料自給率を上げていくことで、国全体としての自給率が上がっていく。そんなことも十分実現できる。

そんな夢のような栽培庫が生まれる素地は十分にある。２０２５年時点でも、精密農業を実現させる植物工場の技術が存在する。植物工場スタートアップのプランテックスは生育状況をかなり精緻に制御する技術を持ち、現在はスーパーマーケット用などに巨大な植物工場コンテナを手がけている。これらを小型化したりマンション共有部などに置くことによって、一般生活者にとって身近な存在になる未来がやってくるのだ。

◆「ネオ・三種の神器」③３Ｄフードプリント機能付き家庭用調理ロボット

さて、植物栽培庫で野菜や穀物や根菜類を収穫したら、料理をするのもいいが、「食品」を作ることができたらどうだろうか。そんな時に活躍するのが３Ｄフードプリンターだろ

図3-5　「ネオ・三種の神器」③3Dフードプリント機能付き家庭用調理ロボット

ChatGPTを用いて作成

う。

　２０４０年には、フードプリンターと調理ロボットが一体化しているかもしれない。さまざまな食材を、自宅で粉体化、ペースト化してデバイス直付のカートリッジに入れることにより、内蔵されている３Ｄフードプリンター機能を活用して、個々人が必要とする栄養素や噛む力に合わせた食品、さらには自分がデザインした食品（パスタ、スイーツなど）が誰もが作れるようになる（なお、こうしたカートリッジはプリンターのトナーのような形で、ＥＣやスーパーなどでも購入ができるだけでなく、フードトナーをデザインするお店も生まれる）。

　３Ｄフードプリンターで作ることができる食材の幅も劇的に広がることとなり、２０２４年に「今の３Ｄフードプリンターは音楽のないｉＰｏｄである」と揶揄された状況を脱し、プレイリスト的なお気に入りの「クックリスト」を持ち歩く日常となる。２０２４年３月の書籍『クック・トゥ・ザ・フューチャー』（石川伸一著）の発売から16年、「意外にあっという間だったね」と振り返りつつ、「Cook To The Future」というタイトルは２０４０年に最も人気の３Ｄフードプリンターを活用したレシピ本の名前となり、誰もが知っているものとなる。

◆食のデジタル化に人間は適応できるのか

ここまでお読みいただいた読者の中には、食が味気ないものになるのではないかと思われる方もいるかもしれない。冷蔵庫ならぬスマートフードＢＯＸに日常の食を監視され、完全制御で植物を育て、３Ｄフードプリンターで出力する。人間や自然が介在しないという印象を覚える人もいるだろう。

私たちが、土で育ったものを手をかけて料理して食べることの素晴らしさを否定しているわけではない。ただ、コミュニケーションがここまでデジタル化していることに人間が適応したように、食の営みの一部がデジタル化することにも私たちは適応していくように思う。

今、電子メールやチャットを受け取って、心がこもっていないと思う人は少ないだろう。

もちろん手書きのメッセージにはまた違った温かみを覚えるのは確かだが、すべてを手書きにすることができない時代であることは理解できる。コミュニケーションをデジタル化することによって、気軽に正確に送受信できるからこそ、私たちはコミュニケーションの頻度を高くすることができるようになったわけだ。

◆調理する家電がつくる「災害時に強い社会」

仮にこれらの、食の営みをデジタル化するネオ・三種の神器が実現したとすると、こうした機器が普及するのは家庭だけではないかもしれない。既存の調理電化にもまだまだ市場としての広がりが残されていると考えている。ずばり〝家電〟の普及が家だけにとどまらず、企業のオフィスやコミュニティにまで広がっていく時代が到来するということである。

むしろ最初に普及するのはこうしたオフィスなど家の外かもしれない。料理という行為、栽培するという行為、時には加工するという行為に価値が見出され、かつデジタルの力で容易にできるようになったとしたら、オフィスやレストラン、駅ビルや公民館など、さまざまな場所でこうした調理家電を置くことが珍しくなくなるかもしれない。「もしも」の上にさらに「もしも」を重ねるような議論になってしまうが、思考を飛躍させて考えてみよう。

もし、私たちがどこでも料理ができて、どこでも食材を栽培できて、どこでも加工できたとすると、さまざまな社会課題が解決する可能性がある。

具体的には、ネオ・三種の神器は大型の自然災害時の食料備蓄インフラ・炊き出し対応インフラとして重要な役割を果たすことになる。常にオフィスやコミュニティに食料・食材の備蓄があり、どこにどれほどの食料があるのかがわかっており、調理・加工する設備もあれば、だいぶ安心である。もちろん、災害の際にはネットにつながるのか、電気が使えるのか、という問題はあるが、避難生活は時に数か月にも及ぶ。そして、現状の災害食はたいてい、菓子パンやおにぎりなど、炭水化物系の加工食品であることが多い。そのような状況では、こうした「調理する」ことを支援できる家電が役に立つのではないか。いかなる有事の際にも人々が安心・安全に避難所生活をおくる環境整備に貢献できる可能性がある。

◆食をともに作り上げる――「同じ釜の飯」効果で、共創に貢献

その昔、ＩＴやデジタルが企業経営に入り込んできた時、ＣＩＯ（Chief IT Officer：最高情報責任者）や、ＣＤＯ（Chief Digital Officer：最高デジタル責任者）という役職が登場した。ＩＴやデジタルを企業経営にいかに戦略的に活用していくかを取り仕切る司令塔だ。

そしてこれから、Chief Food Officer：最高フード責任者が求められる時代になるかもしれない。食を通じていかに企業組織を強くできる、社員の健康、ウェルビーイングを高めることができるかを担う。

これまでと違うのは、食をともに作り上げるという活動が入り込んでくるところだ。これまでは、例えば社内で飲み会を企画することはあったかもしれない。今後は、何を育てるのか、どういうコンセプトでどんな食材を使って、誰がどの工程を担うのか、という一大プロジェクトが走る。

これは、私たちのオフィスですでに起こりつつある。東京都内にあるオフィスには、スタートアップが開発した食材や、仲間の農家さんが育ててくださった食材、新しく開発されたデバイスなどが集まってくる。時には仲間のシェフをお呼びしてともに調理する。イベントによっては、イベント会場でそのコンセプトに合わせたメニュー開発をする。そうしたメニュー開発が得意なシェフが増えてきているのだ。そうしたプランニングに携わると、職場の上下関係や所属組織に縛られず、各自の強みが発揮される。肉に詳しい人、家電に詳しい人、ワインに詳しい人、それぞれがアイデアを持ち寄る。**「飲み会」は食べ物を作るところから始めるのだ。**

こうすると、なぜか同僚や仕事の仲間との距離がグッと縮まる。同じ釜の飯効果だ。「個人主義」「成果主義」「副業」などが浸透し、表面的な働き方改革が浸透する中で、再び食を通じて仲間意識が高まり、企業の競争力・共創力の強化に大きく貢献できる手応えを私たちは感じている。

ちなみに、シェフ（chef）は、英語のChiefと同じ語源なのだそうだ。厨房（ちゅうぼう）を取り仕切るシェフがＣＦＯと呼ばれるのは当然のことなのかもしれない。

◆「外食」とは違う世界

単身高齢世帯の増加に伴い、日々の食事のほとんどを一人で食べる高齢者が増えている。一人で食べること自体に問題はなく、楽しめる人もそれなりにいる。しかし、孤食の場合はどうしても食べる品数が減って摂取すべき栄養素が取れなかったり、決まった時間に食べるリズムが作れなかったり、間接的に悪影響を及ぼしてしまう場合がある。

そんな孤食が進む地域においては、人々が特に目的を持たなくても、気軽に立ち寄れ、カジュアルにほどよく共に食卓を囲めるような場が求められるようになってくるのではないかという議論がある。食べることを目的に集まるのもいいが、一緒に作るところから始めることによって、「外食」とは違った感覚になるだろう。

京都大学人文科学研究所の藤原辰史准教授は、著書『縁食論』の中で、共食でも孤食でもない、その間の世界観が求められていることを描いている。こうした状況に求められる調理家電は何なのか？　この時点から「家庭」の中の電化製品という意味での家電という言葉はなくなるかもしれない。

〝家電〟が変わることで、災害に強くなり、組織が強くなり、孤独な高齢社会がなくなる。一見、直接結びつかないかもしれないが、実現する萌芽はすでにある。

未来シナリオ④Unlockされたシェフが創る新たな食産業

家庭やオフィス、コミュニティにおいて「食を作る」という行為がさまざまな目的で行われるようになってくる時、注目されるのはシェフという存在だ。食を作るプロであり、客をもてなすプロである。２０４０年のシェフがどんな職業になっているのか、その周りにどんな産業が生まれうるのか想像してみよう。

◆中食が輸出産業になる時代

　まずテクノロジー起点で見た時に注目すべきは、急速冷凍技術や新しい鮮度維持・向上技術が大進化を遂げていることだ。いやいや、これまでも十分急速冷凍したり缶詰や真空パックにするなど、かなり発展してきていたのではないかと思われるかもしれないが、これから世の中に出てくる技術は次元が違う。

　２０２５年時点でも、例えば、マイナス50度まで冷やすことにより、素材の味までも変えてしまう技術（FreeFreeze社が開発）や、鮮度保持技術企業のZEROCOのように、０度と１００％近くの湿度の中に食材を入れることで、鮮度維持のみならず、旨みを増す効果もある保存技術がすでに実現している。２０４０年にはそうした技術が普及しているだろう。

　考えられるのは、日本のデパ地下で売られているような生ケーキやお惣菜、お弁当など、いわゆる「中食」をそのまま輸出できるような時代だ。レストランで調理した物の保存期間も圧倒的に伸びる。

　これまでの外食産業の課題は、需要がくると同時に供給しなければならず、ピーク時と閑散時の差が激しく、人員や食材を確保するタイミングが狂うと商機も逃す上に廃棄も出てしまうという、超高難度の需要供給予測であった。これが保存して輸送できるとしたら、市場は大きく拡大する。

農林水産省が２０２２年の農業・食料関連産業の国内生産額を、１１４・2兆円と発表しているが、テクノロジーと他産業との融合事業によってこの規模をもっと増やせるとして、仮にそれが２０４０年には食産業の２００兆円規模になっていると仮定すると、その１／４の規模に当たる50兆円程度の輸出を実現できるようになっているかもしれない。

そして、農産品や加工食品ではない「中食」の輸出の一翼を担うのが、シェフ・料理人である。

ただし、これは未来シナリオであり、現実の延長線上にはない。このギャップを埋めるにはインフラ整備が整わなければ実現しない。１社が仕掛けるだけではなかなか市場浸透が見込めないだろう。技術はある。これをどう活かすかは〝産業全体のコーディネーション力〟にかかっている。

◆シェフの異業種参入が活発に

シェフという職業は食や料理そのものの知識だけでなく、伝統文化からおもてなしに至るまで、相当に幅広い専門性を持つ。例えば、前述のバスク地方にあるバスク・カリナリー・センターや、イタリアのトリノにある食科学大学、米国のＣＩＡ（カリナリー・インスティチュート・オブ・アメリカ）では、調理技術の実技以外に、いわゆる教養や食にまつわる環境問題など、幅広い科目が用意されている。

実際、こうした国々のスタートアップと話すと、もともとシェフだったという人がチームメンバーにいることが少なくない。こうしたシェフのスキルは、例えば食品プロデュース担当やオフィスでの食育・コーチング担当、コミュニティマネジャー、個人向けコーチングといった場面に応用できる。食を作るだけでなく、人や社会もつくっていくのがシェフなのだ。

例えば、ニューヨーク在住の元医者、ロバート・グラハム氏はシェフの資格を取り、医食同源アプローチで患者の肥満を治すクリニックを開設。また、日本企業のコークッキングでは、料理を通じたチームビルディングや会話の手段として料理を活用するワークショップを開催している。

２０４０年には料理スキルが仕事の機会を得るための重要なチケットとして認識され、料理人・シェフ・調理人の職業に対する関心が高まっていくだろう。

◆日本のシェフの強みを解放する

中食の輸出産業化が実現すると、シェフという職業自体の魅力が高まり、シェフを目指す人口が増えると考えられる。また、ここまでの未来シナリオで一般の生活者がより食の「創造性」に関心を示すようになると仮定すると、アマチュアシェフからプロのシェフまでさまざまな形のシェフが登場しそうだ。そしてそうしたシェフのスキルが他分野でも活用できるとすると、シェフ人口の増加は国力を上げることに寄与すると言えよう。

ポイントは、料理の技の獲得や、伝統の継承にとらわれすぎずに、シェフの持つポテンシャルをどれほど解放できるかということだ。日本のシェフのポテンシャルは高い。まず日本の食文化そのものに強みがある。日本には、地域ごとに独自の食文化があり、多様な食材と調理法が存在する。この多様性は、日本のシェフたちの創造性を刺激し、新たな料理を生み出す源となっている。

二つ目は、日本の食に対する高い意識である。日本人は、食に対して非常に高い関心を持ち、食の安全や品質を重視する傾向がある。この高い意識は、日本の食産業全体のレベルを向上させ、世界でもトップクラスの食材や調理器具の開発を促している。

日本のシェフたちは、単に伝統的なレシピを再現するだけでなく、食材の新たな可能性を追求し、調理法を革新することで、日本料理の概念を大きく広げている。例えば、四季折々の旬の食材を最大限に活かした独創的なメニューや、伝統的な日本料理の技法を応用した現代的なフレンチなど、多様なスタイルの料理が誕生している。いわば、独創的な料理を生み出す「創造的な変革（＝魔改造）」の力がある。「創造的な変革」は、日本の食文化を発展させるための重要な要素となっている。

世界の食文化との融合もシェフのポテンシャルを引き出す大きなポイントだが、これも日本のシェフが得意とするところだ。

例えば、西洋料理の技術や食材を日本料理に取り入れたり、日本の食材を世界各国の料理にアレンジしたりするなど、多様な文化の融合による新たな料理を生み出している。このような日本のシェフたちの活躍は、日本料理の国際的な評価を高めるだけでなく、世界の食文化全体に大きな影響を与えている。ミシュランガイドの星を獲得する日本料理店が増加していることや、世界のシェフたちが日本の食材や調理法に興味を示すことが、その証（あかし）である。デンマークの三つ星レストラン「ノーマ」のシェフも、日本の発酵文化に刺激を受けている。

　こうした日本のシェフの力は、確実に新産業創造の原動力になるだろう。日本のシェフたちは、単に料理を作るだけでなく、食文化の伝道者、社会貢献者であり、食を通じて人々に喜びや感動を与え、食文化の多様性を守り、そして未来の食を創造している。

　2025年時点ではこの未来は想像しづらいかもしれない。人手不足と低利益でもがく外食企業が圧倒的に多い。しかし、食の価値を高めていく上で、外食産業、そして料理人の存在は欠かせない。「こんな未来」を実現するためにはどうしたらよいか、という議論も本書籍後半で行っていく。

コラム　料理を超えて食の価値を伝える料理人兄弟

食文化の伝道者であり、未来創造に向けて動いている料理人兄弟がいる。静岡県掛川市で会席料理店を営む武藤太郎氏（兄）と拓郎氏（弟）。ＩＴ業界に従事していた兄、地方創生に取り組んでいた弟が、家業の会席料理店を継ぐ中で、「レストランの存在価値」探究のために始めたのが「たべものラジオ」というポッドキャストだ。これを聞く前と後とでは、食材について見る目も味わう舌も変わる。そして時には万年単位で歴史を遡ることによって見えてくる未来がある。

筆者たちは未来を描くためにこのエピソードをすべて聞いた。読者の皆様にもおすすめである。

シリーズ抜粋

・地味にすごいやつ！味噌汁（全5話）
・世界を変えた胡椒！（全7話）
・発祥から近代茶業までの総歴史！お茶（全10話）
・日本の文化を作ったお米！（全9話）
・命がけ！？魅惑のたべものふぐ！（全4話）
・世界一呑まれているアルコール、ビール！（全11話）
・魔改造文化と寿司の定義（全8話）
・冷やす技術が変えた歴史（全5話）
・日本酒の技術とその歴史　（全14話）
・梅干し回（全4話）
・世界を旅したじゃがいも（全13話）
・日本文化と豆腐（全19話）
・日本料理の系譜（全12話）
・欲望と権力の砂糖（全23話）
・そばと落語（全13話）
・【ゲスト】ラジオ ただいま発酵中！小倉ヒラクさん、いっしーさん前後編
・身近すぎて意識されないゴマ（全19話）
・音声ガイド：国立科学博物館　特別展「和食」
・『美味しい』を引き出すレストラン！ with サイエントーク
・高栄養獲得システムのミルク（全21話）
・謎のたべもの、コンニャク（配信中）

胡椒	5.5 時間
お茶	6 時間
お米	5.5 時間
ふぐ	2 時間
ビール	6 時間
寿司	4 時間
冷やす	3 時間
日本酒	9.5 時間
梅干し	2 時間
じゃがいも	8.5 時間
豆腐	10.5 時間
日本料理	12.5 時間
砂糖	17 時間
そばと落語	10 時間
胡麻	14.5 時間
ミルク	22 時間
蒟蒻（配信中）	2 時間

エピソード数 250

合計配信時間　177 時間

出所：たべものラジオ

未来シナリオ⑤誰もが食のクリエイターになる未来

さて、2040年、私たちはどんな食を創っているのだろうか。想像以上に創造性が爆発する未来がやってきそうな予感を抱いている。

話は遡って、2010年頃。IoT技術黎明期の米国西海岸では、テックショップやファブラボなど、作りたいIoTデバイスのアイデアを持つ人々が、自由に工具などを使ってプロトタイプを創作する場所が生まれていた。

テックショップ発でとんでもないサービスを開発したのはジャック・ドーシー氏。X（旧Twitter）を立ち上げたことでも有名だが、彼はテックショップで、スクエアというクレジットカード決済端末のプロトタイプを創作した。それまでは大型のレジを備え付けていなければカード決済できなかったが、これによって、個人商店でも、屋外の pop-up 店舗（期間限定の店舗）でも、いつでもカード決済を受け付けられる世界が出現した。モノがインターネットにつながることによって、誰もがどこでもお店を開きやすくなったのだ。

面白いポイントは、決済端末という既存メーカーが存在し、クレジットカード決済も広く普及していたところに、個人の発想によって新たな市場が開かれたことにある。

この後、ジャック・ドーシー以外にも、ドローンや遠隔操作スイッチ、ペットの見守り、部屋の温度調整などさまざまなデバイスのアイデアが生まれ、プロトタイプが作られていった。これがいわゆるメイカーズムーブメントと呼ばれる潮流であった。

メイカーズムーブメントが大きな潮流となったのは、スマートフォンなどが普及し始め、コンピュータが手のひらで常に起動している状態になりつつあった米国で、「こんなものができるのではないか」「これが不便だからなんとかしたい」「これが楽しいから広めたい」と、創造性を爆発させて自由に発想して言語化し、実装するスキルを備える人が増えたからであった。この頃、グーグルなどを中心に、デザイン・スプリントと呼ばれる、発想からリサーチ、プロトタイプ制作まで５日間で回し切るプログラムが開発され、アイデアを高速で言語化しビジュアル化する手法が広まった。

こうした潮流を現場で見てきた筆者たちからすると、近年のフードイノベーションの状況は、食にメイカーズムーブメントがきている気配とも感じられるのだ。つまり、こんな食品や飲み物があったらいいな、とか、こんな食のサービスがあったいいなとアイデアを持つ個人が、実際に作ってみる、そんなことが可能になっている。

第1章でも述べたように、FOOD AIプレーヤーが大量のデータを分析して、商品開発のスピードを圧倒的に短縮している。これまでは大手メーカーに所属していなければわからなかったような知見や設計技術も、こうしたFOOD AIプレーヤーの存在によって、アクセスしやすくなっている上、食品開発を実験的にできる施設も世界に広がっている。

米国シリコンバレーにあるキッチンタウンは、アイデアを持つ起業家が実際に作ってみる、小ロットで生産して販売する、といったことを支援する施設だ。日本でも展開していたシェア型プロトタイプ制作ラボであるテックショップが、大型の旋盤などを配置していたのに対して、キッチンタウンには食品加工に必要な設備や冷蔵庫、またフードサイエンティストやスタートアップコミュニティなど、知恵を授けてくれる人々が集う。

キッチンタウンは2024年時点でベルリンでも展開され、日本でも2025年に類似した施設の開設が予定されていることは注目に値する。三井不動産が「&mog」（アンドモグ：Mirai Of Gastronomy）という食のイノベーターの事業開発支援の取り組みを始めているのだが、今後、日本橋に試作品を作ることができる施設もオープンする予定だ。不動産という業態を活かして、イノベーターのアイデアを街に実装していくことを支援している。こうした動きを見ていると、食のメイカーズムーブメントが急速に広まることが想像できる。

◆食のクリエイターの萌芽

実際、食品作りを目指すクリエイターは増えてきている。

ベースフード株式会社の創業者橋本舜（しゅん）氏は、２０１７年の創業時、１日に必要な栄養素の３分の１を入れ込んだ主食という発想を持ち、製麺所に協力してもらいながらパスタを開発していた。ＤｅＮＡというＩＴ業界出身の橋本氏だからこその常識にとらわれない発想であった。２０２５年の今では、パン、カップ麺、クッキーなどバリエーションがさらに増えている。

同時期に創業した株式会社NINZIA（ニンジャ）の寄玉昌宏（よりたままさひろ）氏は、さまざまな食事制限のある人でも心配せず自由に食べられる世界を目指し、蒟蒻（こんにゃく）という素材に注目して、豆腐ワッフルやお菓子、植物性の唐揚げなどを開発している。スペインのビルバオで開催されたフードテックカンファレンス「Food 4 Future」（フードフォーフューチャー）でも日本のスタートアップとして表彰され、海外からの注目度も高い。

株式会社ＲＥＤＤの望月重太朗氏は、アスパラガスの茎を使ったお茶を開発した。その名もアスパラガスほうじ茶「翠茎茶（すいけいちゃ）」だ。アスパラガスの茎は通常、農家で廃棄されるが、それを活用してお茶に仕立てたのだ。生産工程を福祉作業所と連携して行うなど「農福連携」で循環型経済を実現しており、またクリエイティブ・ディレクターであったバックグラウンドを活かして商品開発や製造プロセスを設計している。

こうした動きは社会人だけではない。一般社団法人TOKYO FOOD INSTITUTEは、２０２２年に東京大学大学院農学生命科学研究科・農学部One Earth Guardians育成プログラム（Earth Guardiansは「地球医」の意味）の学生にフードロスについてのワークショップを行い、そこで出てきたアイデアとして、食品工場から廃棄される野菜の皮を使ったスープを商品化した。商品名は「皮ったスープ」だ。かぼちゃ、さつまいも、にんじん、根菜のスープが商品化され、学生は実際に食品工場を訪れて開発に携わったという。

持続可能な海の啓蒙活動に取り組む一般社団法人Chefs for the Blueは、２０２４年ブルーキャンプを開催し、学生たちがシェフにメンターをしてもらいながらレストランを期間限定でオープンした。前菜、定食、デザートといった形で、海について考えさせられるような構成になっている。

流通も動き出した。2024年9月、株式会社三越伊勢丹は、伊勢丹新宿店と日本橋三越本店にて、海藻の研究開発、生産、文化創造を行う合同会社シーベジタブルと組み、海藻の新たな食体験を通じてその可能性に触れることができる特別イベント「EAT & MEET SEA VEGETABLE」を開催した。お惣菜からスイーツに至るまでの約120の店舗が、海藻を使った新メニューを一斉に打ち出したのだ。

シーベジタブルは日本の海で深刻化している磯焼け（沿岸海域の藻場で、海藻の減少や消失が急激に進み、繁茂しなくなる現象）の解決、海藻を取り戻す活動をしている。日本には海藻が1500種類ほどもあり、なかにはタンパク質が豊富なものもある。そのほとんどに毒がなく食べられる素材であり、海の生態系の要である。シーベジタブルの活動に共感した三越伊勢丹は、これまであまり例のなかったスタートアップ1社とのフロア全体での大規模タイアップイベントに踏み切った。

「EAT & MEET SEA VEGETABLE」で販売された和菓子・洋菓子の一例
写真提供：合同会社シーベジタブル

◆これからの食品メーカーに求められる役割とは？

ハイテク業界では、２０１０年頃からファブレス化（生産を別会社に委託し工場［fab］を持たずに研究開発や製品設計だけ行うこと）が進み、多くのスタートアップを生み出す素地がつくられた。スタートアップが自由にデザインしたものを、こうした委託先が大量に生産していく構図になっていったのである。

それが今、食品業界で起きている。欧州の植物性プロテイン製品の生産を、タイの食品メーカーが担うなど、同様の事例が見受けられるのだ。日本の事例を挙げると、ベースフードは味の素と協業し、ベースフードのプロダクトの味の開発を味の素の専門家が支援している。

食の安定供給と安心と安全を重要視したモノづくりを行ってきた食品メーカーの役割は「創造的価値の創出」においても重要な役割を担うようになる。人々が起業家として、社会活動家として、あるいはライフスタイルの一部として、食の創作活動をするようになる時代、起業家・クリエイターに対して「技術」や「材料」、「場所」といったリソースを供給するのもメーカーの役割になろう。また、起業家たちが生み出した価値の完成度を高め、大規模化して国内や海外に展開しイノベーションを普及させるという役割もある。さらに、技術の研究開発も企業が重要な役割を引き続き担っていくだろう。

◆生成AIで引き出される私たちの創造欲求

近未来、私たちの創造力は生成AIによって強化されていく。生成AIを使って、絵を描いたことがある読者の方も多いのではないだろうか。生成AIを立ち上げ、描いて欲しい絵のイメージを伝えれば、かなり完成度の高い絵が生成される。

図3－6は私が「深夜、白樺の森の中で、池に映る満月の絵を描いてください」とChatGPT4.0にお願いして出てきた絵である。これまでも画像検索でかなり近いイメージの絵を探すことはできたが、あくまでも誰かが別の目的で作成した絵を検索しているのであって、私のために生成されたわけではない。実は私（田中）は絵を描くことが非常に苦手なのだが、このやり方であれば、いくらでも絵を描くことができる上に、楽しむことができる。

さて、類似したことは料理のレシピの世界でも起こりつつある。キッチンOS（調理家電のIoT化によってキッチン関連のアプリを連携させる基盤）は、どんな料理を作りたいのか、

図 3-6　ChatGPT4.0 が生成した絵

ChatGPT 4o ›

深夜、白樺の森の中で、池に映る満月の絵を描いてください

どんな食材が冷蔵庫にあるのか、どんな食べ物が好きなのか、さまざまな要素を汲み取って、食事のイメージ図を表示させ、作り方をガイドする。

米国のスタートアップであるサイドシェフが提供する「My Substitution AI」は、ユーザーの好みに基づいてレシピを調整する。あらかじめ用意されたレシピを提供するだけではなく、その時に応じて生成するのだ。

例えば、通常であれば肉が含まれているタコスのレシピについて、ユーザーが「肉なし」を選択した場合、AIは野菜ベースのレシピを作成するために、材料と手順を調整する。このアプリは料理の写真からレシピを生成し、材料リスト、ステップバイステップの手順、カバー画像を提供することもできる。

サイドシェフはさらに、ＡＩが生成した画像とレシピの手順に沿った説明ビデオを作成するツールを提供し、調理プロセスの最初から最後までユーザーをガイドする。ユーザーが「料理する」時にモチベーションが上がり、また失敗しないように、一人一人の料理のスキルに寄り添ってくれる、というわけだ。アボカドの切り方がわからなければ、ＡＩが適切なテクニックを示してくれる。加えて、レシピに基づいて正確な温度やタイミングになるように、オーブンなどのキッチン家電を自動的に調整するＩｏＴ機能まで統合しているのだ。キッチン家電側でＡＩが生成したコンテンツを独自に作成・管理することができるので、レシピが気に入ったならば、また再現することも可能だ。

今でも都度検索すれば解決することではあるが、このアプリでは、ユーザーが作りたいと

肉を使ったタコスだが

肉なしモードを選ぶと

野菜を使ったタコスに
写真が変わる

思った料理について、そのユーザーに合わせてＡＩで必要な情報を生成して伝えていく。ユーザーの料理のプロセスを最初から最後まで支援するのだ。こうしたアプリが２０２５年時点ですでに実装されている。生成ＡＩの対話形式のインターフェースは料理支援に非常に向いていると言えよう。

この進化は、ユーザー自身が「料理をする」、「創作していく」ことの支援が起点となっている。レシピサービスはこれまでもユーザーの料理プロセスを支援してきたが、生成ＡＩが入ってくることによって、ユーザー側のアレンジやアイデアを取り入れやすくなったわけだ。テクノロジー側では、ユーザーの創造欲求に答える準備はすでにできている。

２０２５年現在、誰でもYouTuberとなって動画制作に挑戦することが珍しくなくなる、という進化があったことを考えれば、誰でも食のクリエイターになることも夢ではなく、そんな未来を創るというのも一つの選択肢なのだ。

未来シナリオ⑥パーソナライズ＆ソーシャライズを実現する食

ここまでは「食を作る」という観点での未来シナリオを見てきた。ここからは実際に食べるものに視点を移そう。

フューチャー・マーケットのマイク・リー氏が2024年に刊行した書籍『MISE』では、2050年代の米国における食のシーンが描かれている。その内容の一部を紹介しよう。

2050年代、人々は皆、STACKという栄養管理アプリを持ち、そのアプリの指示のもとで食事をするのが当たり前になっていた。同書では、2055年の感謝祭の日に食卓を囲む、バーリントン家の様子が描かれている。この時代、各個人はSTACKグラスをかけており、そこに各個人の体調や摂取栄養量をもとに何を食べるべきか表示される。

悲しいのは、祖母が作ってくれたカボチャケーキを、糖質過多のアラートが鳴るため誰も食べることができないという情景が描かれていることだ。バーリントン家の娘たちは、祖母をがっかりさせたくなく、食事中もお手洗いに行き、そこで排泄物から消化状態のデータを取得して、カボチャケーキを食べても大丈夫かどうか確認しようとするが、そのデータ解析には時間がかかる。『ＭＩＳＥ』はこんな未来が来るかもしれないと、ある種警告の意味もこめて刊行されている。

YEAR 2052
THE NUTRITION STACK
SCENARIO #3

2055年のバーリントン家では、皆STACKのIDを持っている
出所：*MISE* by The Future Market

◆「個別最適化」（パーソナライズ）の加速

個人の健康状態に合わせた食（パーソナライズされた食）。スマートフォンやスマートウォ

ッチ、美容家電や調理家電、健康機器や血糖値センサーなどから、自身の身体データをリアルタイムで取得し、何をいつ食べたか、どんな運動をしたのか、どれくらい眠ったのかといった行動データが蓄積され、今足りない栄養素やその日の予定に合わせて、食べるべきものが提案される、というものだ。

これまではヘルスケアデータアプリ、食事アプリ、とバラバラになっていたが、生成AIが普及すれば、「今日は何が足りない？」「何を食べたらいい？」などの簡単な問いかけで、うまくデータ連携して回答が作成されるようになるはずだ。

何を食べるべきかがわかったら、次に必要なのはその提案に合わせた食べ物だろう。サプリメントの形だけではなく、パンや麺、グラノーラといった主食に栄養素が入れ込まれたり、生鮮野菜も植物工場産の場合は栄養素の含有量が制御できたり、食品そのものの進化も進む。

このトレンドが世界に先駆けて進むのは米国だろう。第1章で前述したように、国民の3分の1が肥満といわれる米国では、2024年頃から糖尿病患者向けの食欲抑制剤を、減量目的で摂取する人が増えた。当初は高額な薬のため一部の富裕層が使うだけだったが、SNSなどを通じて急速に広がっていったのだ。

所得が低いことでカロリー過多なジャンクフードしか買うことができなかったり、栄養に関しての知識を得ることができなかったりする層が多いほか、過剰なストレスからくる過食など、肥満の要因は様々。いずれにせよ食欲を薬で抑えて強制的に体重を減らせるというのは、米国社会にとって革命的な方法であった。

この薬によって、米国の人々の食習慣に対する意識は変化し始めている。何をいつどれくらい食べ、どれほど動くと、身体データにどのような変化があるのか、インプット→プロセス→アウトプットのデータ化が進むなか、科学的な食事への関心がどんどん高まっていく。

そして、体重や血糖値など身体のデータがリアルタイムに計測される技術も普及していった。例えば糖尿病治療大手のアボットのフリースタイルリブレを装着していると、24時間常に血糖値がモニタリングされ、スパイクが起きるとアラートで知らされる。人々は自分が何を食べれば値を適正にできるのか、自分が理想とする状態に近づけることができるのか、強烈な目的意識がそこに生まれ、食事をパーソナライズしたいというニーズが高まっていくと考えられる。

◈「同じ釜の飯」は消えてしまうのか？

一方で、薬で食欲を抑えて、毎日毎日自分の身体に合わせる（欲求ではなく最適解に合わせる）という食習慣により、理想とする身体に近づいたとしても、心の豊かさにはつながるのだろうか。地球環境へのケアはできるのだろうか。自分の身体に合わせるために、家族が作ったカボチャケーキをみんなで食べることなく、廃棄してしまうとしたら？　きっとその先の未来、この家族は誰もカボチャケーキを作ることもなく、一緒に食卓を囲む思い出が作られることも、子孫に「おばあちゃんの味」が継承されることもなくなるのではないか。

思い返すと、記憶に残るさまざまな思い出は、意外と「食の思い出」と結びついていることが多い。「おいしかった」という記憶だけではなく、何か家族や仲間や同僚と一緒に活動したり、旅をしたり、時には苦しくて仕事が終わらないような時など、誰かと何かを一緒に食べた記憶は鮮明に覚えていることがある。仕事中には話せないことも、一緒にコーヒーを飲んでいる時、共に昼食を食べている時であれば、悩みを相談しやすいこともある。

興味深いのは、仲間を意味する「companion」、会社を意味する「company」という言葉は、ラテン語で「共に」を意味する〝com〟と、「パン」を意味する〝panis〟が語源になっているそうだ。ＷＨＯ（世界保健機関）は健康の定義の中に「社会的健康」を定めているが、人間にとって、他者との関係性は非常に重要で、「食」はそうした絆（きずな）を強くする効果があるように思う。「同じ釜の飯」の仲間は何か特別な関係性に感じるものだ。

◆「個別最適化」は共食の中にある

筆者たちは『ＷＩＲＥＤ』日本版と共に「フードイノベーションの未来像：食のパーソナライゼーション編」というウェビナーを開催したことがある。そのなかで、文化人類学者の小川さやか氏が興味深いインサイトを語ってくれた。

タンザニアでは、主食と副菜が一緒に盛られた大皿からみんなで共に食べる習慣があるのだという。自身もタンザニアに身を置いて観察しながら小川氏が不思議に思ったのは、急遽人数が増えても食事を終えるタイミングがみんな同じだということだ。人数が増えれば自分の食べる量を調節し、隣の人が何を食べ何を食べないかを察知して、自分が食べるべきものが何かを判断する。つまり、自分で食べているものを決定（パーソナライズ）していると同時に、他者に対する配慮もしているわけだ。むしろ、多様な食べ手が一緒に存在するからこそ、パーソナライズできるわけだ。日本でも特に鍋料理などはそうかもしれない。

同じウェビナーシリーズで、京都大学大学院法学研究科の稲谷龍彦教授は、日本は西欧とは「主体」の考え方が異なると語った。日本語で「人間」と書くように、日本人にとって、「人」とは「間柄」である。西欧が「一神教」をベースに「1つの正解」に向かっていくのに対し、日本は人と自然、人とさまざまなカミ、人と人、といった形でさまざまなものとの間柄の中に何かしらの解を見出していく。私たちが食の「個別最適化」になんとなく違和感を抱きがちなのは、「最適」が「個」に向いていることに対するものなのかもしれない。

個の事情に合わせながらも、共に食べられるようにすることに真っ直ぐに向き合っている「ケア家電」も登場している。

パナソニックの社内起業家育成プログラム「ゲームチェンジャーカタパルト」から誕生した「デリソフター」は、嚥下障害を持つ高齢者や子どもが、家族と同じ食事を取れるよう、見た目の形状を保ったまま圧倒的に柔らかい料理を作ることができる家電である。圧力鍋の技術を応用し、見た目は通常の唐揚げだが実は海苔で切れるほど柔らかく、口に入れると味は同じなのにすっと溶けて安全に食べられるのだ。

デリソフターは、特に高齢者が流動食しか食べられない状態になると、家族と一緒に食べられず孤立したり、遠慮してあまり食べなくなってしまったりする問題を解決するために開発された。こうして、共に同じものを食べながらも、実は個人の咀嚼力に合わせてパーソナライズされている、というのは、身体的健康も社会的健康も向上させることができるソリューションである。高齢化が進む日本が先陣を切ってこのような新しい分野の家電市場を切り開いていくのは、他の高齢化が進むさまざまな国にとっても意義のあることだ。

このように、２０２０年代においてパーソナライゼーションはニーズも技術も確かにある。どう実装していくか、そして社会的なインパクトはどれほど考えられるか、そして、私たちがどれほど食という営みについて、自分にも社会にもよい選択肢を賢く設計できるかがカギであると言えよう。

未来シナリオ⑦地方創生が目指すマイクロフードシステムモデル

◆イタリアのリビングラボの試み

２０２４年5月、イタリア南部ナポリ空港から車で南へ２時間の場所にある、地中海式食

イタリア南部ポリカ市付近　地中海に面した山がちな土地に集落が点在し、斜面が果樹園や農地になっている（UnlocX 撮影）

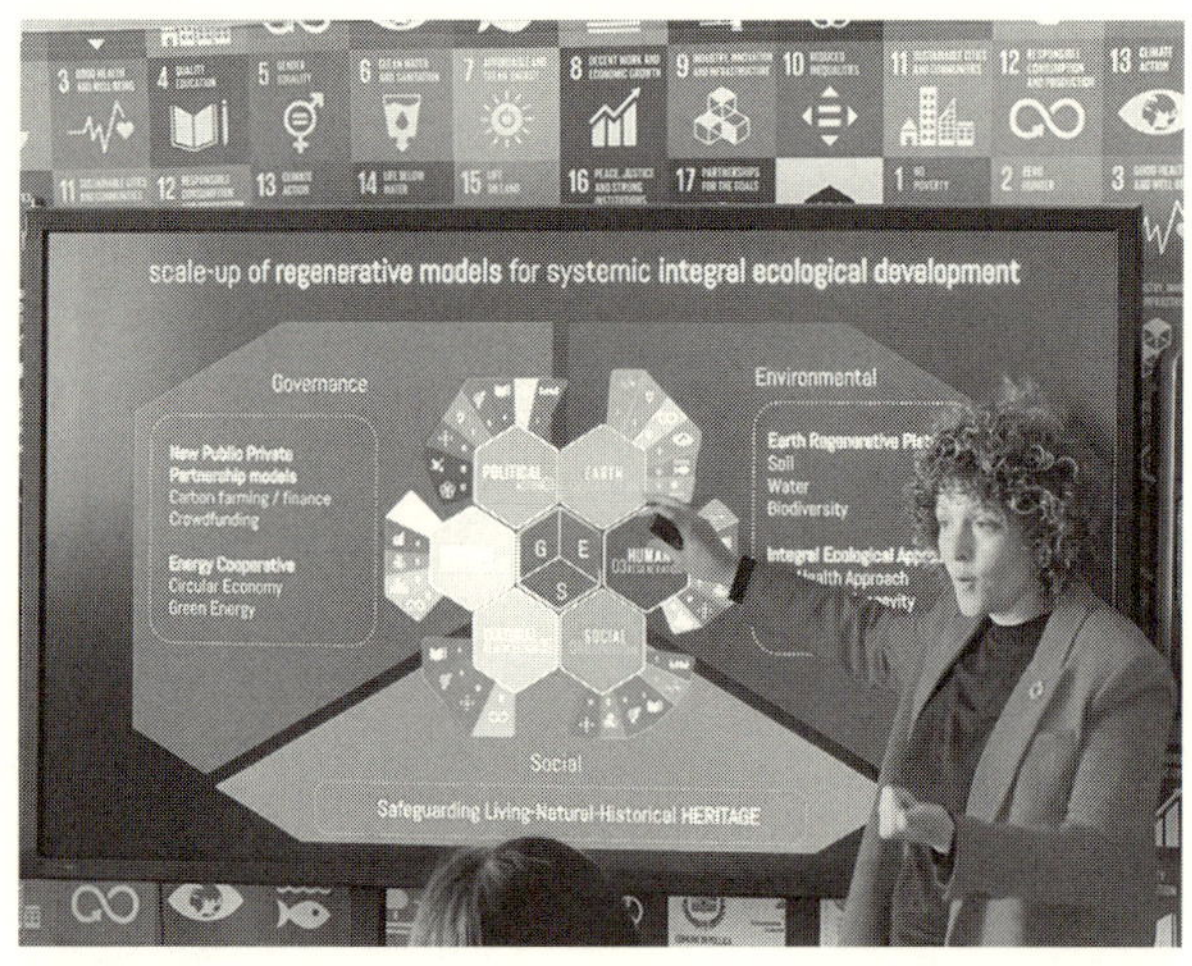

フューチャー・フード・インスティテュートによるプログラムを解説する創設者サラ・ロベルシ（UnlocX 撮影）

習慣発祥の地ポリカ市を訪れた。ここは地中海に面した山がちな限界集落で、オリーブや白いちじくの栽培が盛んだ。

イタリアという異国ながらも、山がちで海にも近く、農業人口の高齢化で街ごと過疎化していく状況は、日本の過疎地と非常に似ている。そして人口が高齢化し、このままでは農業の継承が困難であることも似ている。地中海式食習慣の伝統を継承しながらも、農業のあり方をサステナブルに、そしてリジェネラティブなものに転換していくことを目指している。

こうした活動は農家から生まれたわけではない。仕掛け人はフューチャー・フード・インスティチュートのSara Roversi（サラ・ロベルシ）氏だ。ポリカ市にある古城でリビングラボを運営している。ポリカ市のリビングラボでは、農家や町民に、今なぜ再生農業が必要なのかを説き、フードシステム変革が必要であることを、学校やイベントを通じて啓蒙している。

面白いのは、ポリカのリビングラボに世界中からイノベーターや大手企業の経営層、アカデミアの研究家や社会活動家が集まり、リジェネラティブなフードシステムのあり方について活発に議論し、新規事業の実証実験をしていることだ。そうした活動にイタリアの大学生たちがインターンとして参加していたり、日本からもフードテックスタートアップや地域創生に携わる人が参加していたりする。多様なステークホルダーが集まるからこそ、多元的な価値が見出され、会議室を飛び出して農業の現場で議論するからこそ、食料生産に意識が向く。実際にこうした過疎の地域を訪れ、現地の農家の話を聞き、世界中から多様なアイデアや技術を持つメンバーが集まることによって、ソリューションを創造する仲間ができていくのだ。

◆日本の地方にはとんでもない価値が眠っている

日本の地域の現状はどうだろうか。日本も地方が過疎化し一次産業および三次産業の工業化、スケール化、自動化が進みきっておらず、依然小規模農家や小規模飲食店が多く存在している。外国人観光客による観光需要が高まっているようにも見えるが、イタリアが目指しているような、リジェネラティブなフードシステムを構築しようという動きは非常に「マイクロ」な形で行われており見えにくい。その中から、いくつか事例を紹介しよう。

佐賀県の嬉野(うれしの)市塩田町(しおたちょう)にある酪農家ナカシマファームは、循環型酪農モデルを構築しており、動物飼料から肥料まで自給率がほぼ100%のモデルを構築している。新しいミルクの需要を生み出すために〝MILKBREW COFFEE(牛乳出しコーヒー)〟を開発。誰もが

MILKBREW COFFEEに参入できるよう商標を解放し、新しいコーヒーの飲み方の1つとしてMILKBREWという牛乳の使い方を広めるべく、自らカフェを運営している。酪農という一次産業側だけでなく、飲食側にまでムーブメントを起こす取り組みを推進している。

同じく嬉野の和多屋別荘の三代目である小原嘉元氏によると、それぞれの地方にはInvisible Asset（見えない資産）が存在しており、それらを起点にして、新しい地方創生のモデルを組むことが可能であると考えている。その際に大事なのは、単にインバウンド需要を狙うのではなく、地方に眠る本来価値を可視化して、対価をつけること。その価値をきちんと利用者の方に伝えていくことによって、地方が持続的に発展していくモデルをつくれると考えている。

小原氏は、企業が時価総額によってその価値を測られるように、地域にも地域時価総額という考え方を導入してはどうかというアイデアを持っている。ナカシマファームのような循環型酪農システムがあり、他にもティーツーリズム（本場のお茶や、お茶に関わる人との交流を楽しむ小旅行）などを仕掛けている嬉野が地域時価総額10兆円と言えたら面白い、と小原氏は言う。

このような取り組みが、日本の各地で動き出している。三菱地所が展開する、生活者・生産者・加工者の交流を促す「めぐるめくプロジェクト」、農業ＩｏＴを手掛ける企業ファームノートが展開する、北海道と地球の課題を考えるカンファレンス「ファームノートサミット」、コンサルティング会社SUNDREDなど各社が仕掛けるリビングラボの活動、またパソナが淡路島で展開する取り組みなど、日本の地域で食の産業創造を仕掛けている活動は増えてきている。

月刊『DISCOVER JAPAN』の高橋俊宏編集長は「日本の地方にはとんでもない価値が眠っている。それを再編集し、言語化していくことが重要である。しかし、地方に足りないのはテクノロジーと資金である」と言う。フードテックをはじめとした技術を通じて、こうした地域の力を解放していくことで、日本はさらに成長・進化していくことができるのである。

こうした地域のInvisible Assetを解放していく動きが、２０４０年「マイクロフードシステム構築」につながる未来を描いてみた。

――２０４０年、過疎化や人口減少が進む日本の各地域でこれまで進められてきた地方創生の活動は、地方起点の活動から、「マイクロフードシステム」の構築につながった。

マイクロフードシステムは従来の〝地産地消モデル〟というものに留まらず、各所に最先端技術（冷凍冷蔵技術、食品加工技術、ＡＩを活用した開発インフラ、ロボティクス、アップサイクル技術［廃棄物の素材をそのまま生かして再生させること。創造的再利用］、精密農業技術、土壌技術等々）が導入され、アップサイクルやリサイクルなど循環型経済が実装されている。誰もがその技術を活用できるようになっている。日本に眠る多様な食文化・食材の価値・伝統・歴史の価値の理解が進むなか、それらの価値がまさに解放されることになる。それぞれの地域に存在する歴史的な資産やノウハウの可視化が進み、前段の未来でも見たように、誰もがクリエイターになれる動きも具現化されており、それぞれの地域における食の多様性も残る豊かな世界が実現されている。

こうして生まれたマイクロフードシステムには、地域の住民だけでなく、地方の主力企業や全国企業、スタートアップ、海外プレーヤーなどが参画し、多様なプレーヤーが生活と事業機会を求め集まる環境となっている。それぞれのマイクロフードシステムは相互に連携しており、単独ではなく共同で市場開発や研究活動を行い、まさに共創的な活動が実現されている。

このような取り組みを通じて、新しい市場が生まれ出し、食が儲かる産業となり始めた

（例えば各地にシン輸出拠点があり、世界中に輸出できる設備が設置されている。冷凍装置や粉体化装置など）。その結果として、働く人々が域外から押し寄せ、食がさまざまな産業の交点になり出している。

インバウンド需要のみで産業振興を図った地域は、オーバーツーリズムの問題に直面し、短期的思考で作ったリゾート施設が地域の景観を壊す、地域の多様性をむしろなくすなどして、魅力を失い再生に苦労している状態になっている。マイクロフードシステムを導入した地域は結果として、生産者の高齢化問題も解決され、かつ災害時における食インフラも充実するなど、人口減社会における新しい地域インフラ構築のモデルとして世界中から注目される。

２０２４年頃から日本の各地域で鳴動していた、リビングラボ活動を通じた個々の取り組みがそれぞれの地域の駆動装置となり、２０４０年時点では日本において約20程度のマイクロフードシステムクラスターが登場している。また、嬉野が地域時価総額10兆円を目指すように、各クラスターがそれぞれ5兆円程度の経済価値も生み出すことに成功した。さらに各地域において、地球環境との共生、生活者の巻き込みも進み、消費と生産の近接度が高まった。今では、世界中から、日本への視察団が引っ切り無しに訪れる状態になっており、日本のモデルをパッケージとして輸出していくモデルも生まれ出している。

日本＝おいしいという位置付けだけではなくなり、「日本が提示する食の進化モデル」を学ぼうとするプレイヤーが引きも切らず日本を訪れる。日本には、食の最先端研究開発拠点や超先進的なリテールモデル（小売店舗での販売が中心のビジネスモデル）、最先端デバイスやサービスが実装されるなか、企業は戦後に構築されたフードバリューチェーン（バリューチェーンは、企業の各事業活動を一連の流れとして捉え、それぞれの付加価値を理解する考え方）の維持を最低限のリソースで行うようになり、新たなフードバリュークリエーションネットワークの構築に注力するようになる。

エンタメ、クリエイティブ、テック、宇宙産業、不動産、バイオモノづくり、半導体産業などが関与し、日本の食関連GDPは200兆円に達する。伝統産業の価値創造も進み、世界中で新しい伝統が生まれる好循環が形成される。

＊　＊　＊

さて、ここまで7つの未来シナリオを見てきた。読者の皆様はどう思われただろうか？自分たちが従事する産業の未来が、実は今の延長線上にないことを感じられたのではないだろうか。

前述の『MISE』を出版したフューチャー・マーケットのマイク・リー氏は、未来シナリオを描く重要なポイントは、**「食産業が社会課題解決の糸口になることを、産業に従事している人たちが理解する」**ことにあると言う。あなたは自分の仕事を目の前にある商品を販売することだと思っているかもしれないが、実はそれが壮大な社会課題解決のストーリーの一部であることをもっと意識すべきだと。

食産業が単に食の提供ということだけではなく、あらゆる環境問題の解決、人間の生活や行動変容に結びつくものであることを自覚し、そのミッション達成をゴールとすべきであり、そのために未来シナリオがある。

では、次章からはこの第3章で描いた未来シナリオ実現のカギについて探っていく。

第4章

未来シナリオ実現は新経済モデルと新産業共創がカギ

ここからは第3章で描いてきた未来シナリオ実現のカギを探る。7つの未来シナリオは、生活者視点のものから、企業、産業、社会全体の視点のものまであったわけだが、それぞれ個々に実現するというよりは、図3－1にあるように、あるシナリオが別のシナリオを駆動し、さらにまた別のシナリオを回し始めるといった形で、歯車のように連関していくものだと想定している。どこから歯車を回せばよいのか。

私たちは、日本においてそのカギとなるのは、「新経済モデル」の確立にあると考えている。つまり、A.生産・技術の価値を最大化して販売までつなげる流通スキームの構築、B.食産業としてグローバル化3・0を目指す、C.共創エコシステムを構築していくことにあると思っている。

新経済モデル

A.流通が多元的価値を受け止めてしっかり売り切る
B.食産業としてグローバル化3・0を目指す
C.共創エコシステムを構築する

新経済モデルA――流通が多元的価値を受け止めてしっかり売り切る

SKS JAPAN 2024において、「海洋資源の危機と新経済モデル」というテーマのセッションが開催された。そのなかで、オイシックス・ラ・大地の高島宏平社長は、「日本のフードテックの生態系はまだ弱い。日本では技術のイノベーションを達成した後、売り切るためのビジネスモデルイノベーションにも挑まなければならないが、作ることと売ることは全く違うものであり、両方を実現することは難しい」と述べた。

シリコンバレーであれば、ＡＩでもなんでも開発すれば、後は大企業がそのスタートアップを買収するなりして拡散してくれる、ということがあるが、日本のフードテックには「売ってくれる人がいない」というのだ。米国ではホールフーズ・マーケットがスタートアップを取り扱うスーパーとして存在するし、フォックストロットといったフードテックスタートアップの商品を積極的に展開する小・中規模の小売店も存在する。日本では、大手コンビニチェーンがスタートアップの商品を扱うことは稀（まれ）である。

高島氏は、スタートアップがおいしくてかつ社会課題解決にもつながるモノづくりのイノ

図 4-1　減っていく海藻、消滅する藻場

・海藻が茂る天然藻場が急速に減っており、
　27年で約16万ha=1年間に約6,000ha減少している
・「磯焼け」と呼ばれる事象として広く社会問題になっている

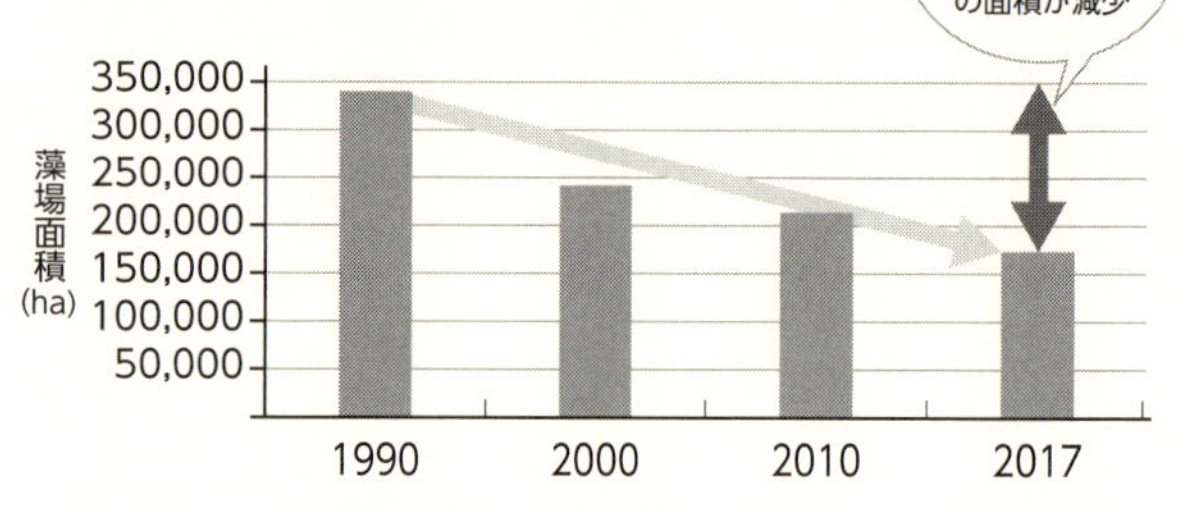

出典：環境省「藻場（海草・海藻）のイベントリ報告について」より一部抜粋及び編集
※藻場面積は海藻と海草にて構成されたデータを使用
GOOD SEA FUTURE REPORT2024掲載の図を基に作成

ベーションに成功したら、「それを売り切るのは流通にまかせろ」という流通側の覚悟の必要性を唱えていた。

　また、高島氏は、韓国のソウル市が学校給食をオーガニックにするという行政ルールについても触れていた。給食という強制的に食べなければならない状況で、必ず社会課題解決につながる食品を入れなければならないという法制度があるだけで、市場と卸売網が確実にできる。こうしたことを産業全体で推進していく「雰囲気作り」が重要だと述べていた。

　このセッションに登壇していたのは、前述のシーベジタブルと、磯焼けの原因であるウニに注目し、痩せウニを活用したウニの養殖、新しいウニ

の食べ方の提案を進める株式会社北三陸ファクトリーだ。シーベジタブルも北三陸ファクトリーも、直面している課題は養殖のコストだ。海が磯焼けしていない時代には天然で収穫していたものを養殖するとなると、技術開発と実装のコスト、スケール化するコストがかかってくる。それを回収するために、長期視点で確実に販売してくれるパートナーが必要なのである。

彼らは、海藻やウニを食べれば食べるほど（しかもおいしい）、市場形成につながり、地球に貢献できるという体験を提供している。技術、モノ、そして生活者のニーズを喚起する素地はある。ここで必要なのは、こうした価値をしっかり販売につなげてくれる先進的な流通だ。

新経済モデルB——食産業としてグローバル化3.0を目指す

Aで述べたシーベジタブルや北三陸ファクトリーのように、その市場形成が社会課題解決につながる時、市場が日本だけに留まる理由はない。2社だけではなく、筆者たちが見ているスタートアップには、そうしたフードシステム変革を目指すところが数多く存在している。植物工場のプランテックス、藻から魚餌の課題解決に挑むAlgaleX、栄養課題に取り組むベースフード、アップサイクルでフードロスをなくすASTRA FOOD PLANやファーメンステーション等々だ。彼らには世界のフードシステム改革をドライブできる可能性がある。

一方、大企業側もさまざまな新規事業のアイデアや技術力がある。日本の食産業はグローバルで加速するフードシステム改革の動きと連動していく必要がある。

ここでいう食産業とは、現在の食産業が食品加工業、流通業といった縦割りになっているところを、農業から流通、外食、家電、医食同源を目指すヘルスケア・ウェルネス業界や観光に至るまで、目的別に一気通貫で有機的に連結した状態をイメージしている。この新産業がもっとグローバルにその価値を提供していく産業となることが重要だ。なぜなら、日本の食は、世界のさまざまな社会課題解決のソリューションとなり得るし、なるべきだからだ。

これまで日本では、一般消費者が声を挙げて何か強いムーブメントを起こすことはあまりなかった。一方、かつて「日の丸半導体」が躍進したように、国が主導して産業をつくることがあったが、最近の国の動きは正直どこに向かっているのかわからず、動きが遅くて世界から取り残されている感すらある。となると、産業人が起点となり、生活者の声を聞き、あるべき産業のあり方を提示し、国家としての政策に落とし込んでいく、という方法が求められるのではないか。

上述したシナリオを実現し、日本の持つ創造的価値、多元的価値を世界に提供するために、どのようなグローバル化モデルがあり得るだろうか。

もちろんこれまでも日本の食は「グローバル化」している。アメリカに行ってもシンガポールに行ってもイタリアに行っても、ラーメンも寿司も食べられるし、現地の人々が行列をなしている。スーパーに行けば、日本の加工食品が調味料から菓子に至るまで棚に並んでいる。本場の日本食を求めて日本に旅行で訪れる外国人の数はうなぎ登りである。

しかしながら、こうした「レストランの海外進出」「食品の輸出入」「観光客への日本食の提供」という旧来からある「グローバル化」だけではなく、もっと多様なグローバル化の可能性に注目したい。

今後実装されていく最先端テクノロジーを活用・実装することにより、**今まで輸出できなかったものが輸出できるようになること、今までとは別次元の価格やこれまでと異なる形での輸出ができるようになる可能性がある。**

図4－2 食産業のグローバル化の方向性〜グローバル化3.0

日本が有する強みの再定義・再編集・再発信×テクノロジーの活用

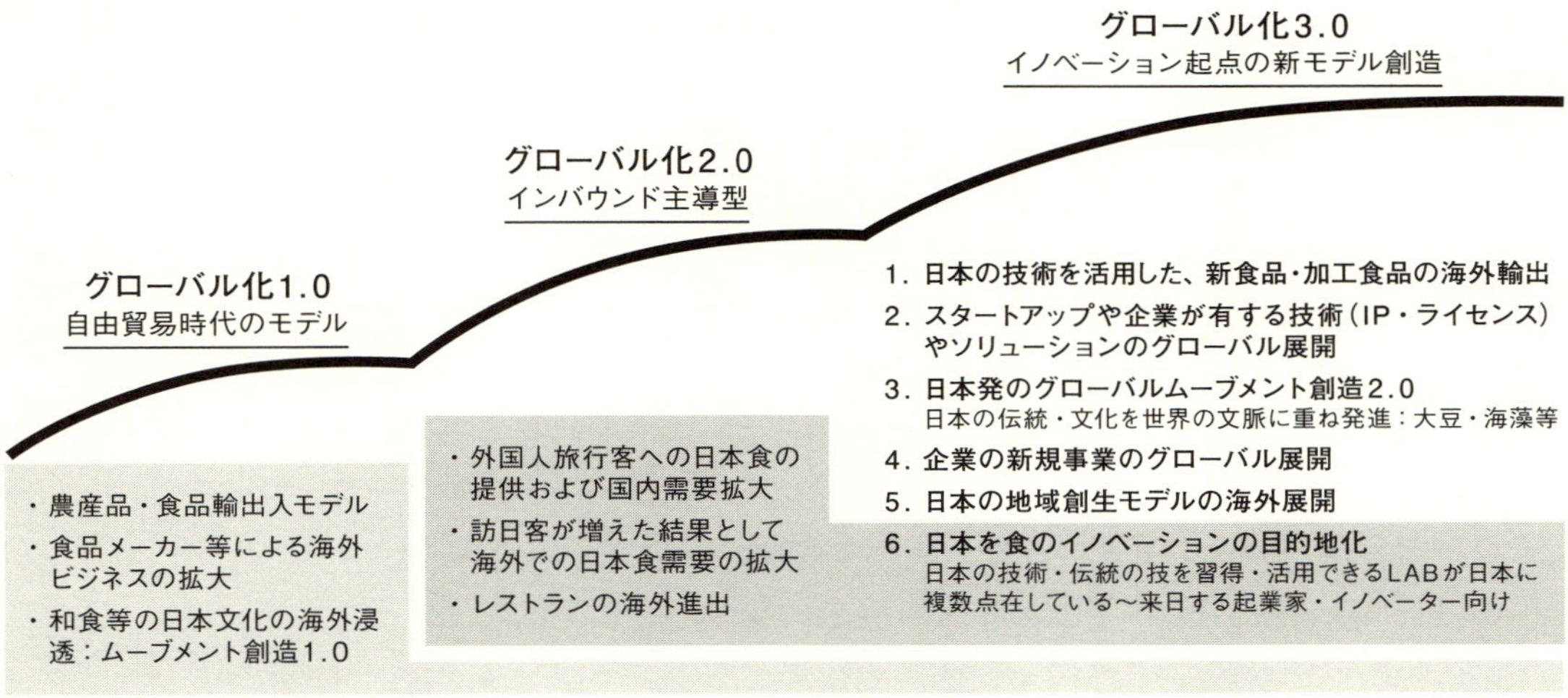

グローバル化1.0
自由貿易時代のモデル

- 農産品・食品輸出入モデル
- 食品メーカー等による海外ビジネスの拡大
- 和食等の日本文化の海外浸透：ムーブメント創造1.0

グローバル化2.0
インバウンド主導型

- 外国人旅行客への日本食の提供および国内需要拡大
- 訪日客が増えた結果として海外での日本食需要の拡大
- レストランの海外進出

グローバル化3.0
イノベーション起点の新モデル創造

1. 日本の技術を活用した、新食品・加工食品の海外輸出
2. スタートアップや企業が有する技術（IP・ライセンス）やソリューションのグローバル展開
3. 日本発のグローバルムーブメント創造2.0
   日本の伝統・文化を世界の文脈に重ね発進：大豆・海藻等
4. 企業の新規事業のグローバル展開
5. 日本の地域創生モデルの海外展開
6. 日本を食のイノベーションの目的地化
   日本の技術・伝統の技を習得・活用できるLABが日本に複数点在している〜来日する起業家・イノベーター向け

出所：UnlocX

B－1　新たな鮮度保持技術で生鮮・惣菜食品を輸出する

レストランで調理された食事、デパ地下で売られているお惣菜、ターミナル駅で売られている数々の駅弁、もしこれがおいしいまま保存できて、さらに海外へ輸出することができたら？　先述したように、**最先端の冷凍技術を活用することにより、今まで輸出が不可能であったデリカ品を海外に輸出することが可能である。**

鮮度保持技術のZEROCOは、ありとあらゆる食材や食品を、そのおいしさを損なうことなく保存することが可能な技術である。加工でも瞬間冷凍でもない手法だ。例えば、日本のシェフが作った惣菜を、保存料などの添加物を入れることなく、ZEROCOで長期保存したり、さらにそれを冷凍して輸送したりすることが可能となる。レストランやスーパーのデリカ品が輸出できる可能性がある。

アメリカのホールフーズ・マーケットが毎年出している、10大トレンドというものがある。その中には頻繁に日本の食材（そば粉、ゆずなど）が挙げられている。

そうした世界的に需要が高まっているものについては、日本企業が個別に売り込むのではなく、日本国内にフードテクノロジーセンター的なものを業界横断で作り、日本から群で世界展開する、あるいは世界から習得に来てもらうような開発支援機関を作ってしまうことも有効であると考える。そうすることで、そのセンターで作られた次世代食品にはライセンスフィーを織り込み、世界中で売れれば売れるほど日本に利益が落ちる構造にできる可能性がある。**輸出は製品を出すだけでなく、ライセンスという形でも展開できるのだ。**

B-2 機械ではなく、ソリューションを輸出する

もう1つの輸出モデルは、スタートアップをはじめとした技術のグローバル展開である。日本の技術への関心は極めて高い。実際に中東や北アフリカのプレイヤーからは、少ない水分量で植物を栽培できるソリューションをはじめとした、さまざまな技術への問い合わせを受けることが多い。また食品製造機械やロボティクス領域も日本の強みである。

現状では、これらは個別に引き合いが来ている状況である。単独個社で世界に展開すると、短期的にはビジネスチャンスが拡大するように見えるが、特許戦略・技術模倣対応をかなりしっかり行わなければならない。現地で分解され模倣されてしまい、気がついたら日本

企業への発注がなくなってしまう、というシナリオも決してホラーストーリーではなく、十分起こりうるベースシナリオである。そういう時に、機械単独で輸出するのではなく、例えば日本の素材をカートリッジのような形で、食品生産や自動化レストランのロボットに搭載するなど、ソリューション化して展開すべきである。一度搭載されたら、その後は継続して素材を輸出すればよい。

輸出ではなく食品データを「送信」できる可能性もある。食品の輸出がいわば物理的に書類を郵送するのと同じだとすると、これは電子メールで送って現地で印刷する方式と言える。

実際にそのような動きを仕掛けているのが、スペインのブレンドハブだ。スペインやインド、メキシコやコロンビアといった南米諸国に特殊な粉体化技術を実装した工場を建設。独テクノロジー企業シーメンスが開発した産業用メタバースの技術を活用し、加工食品の原料配合の構成を各地に転送。現地では、地元の原料を使って配合を再構成し、ローカル生産するシステムを構築している。

こうしたシン輸出モデルだけで、ほぼ無限にさまざまなパターンをあげることができるのであるが、紙面の限界もあるので、ここではこのくらいにしておきたいと思う。いずれにしても、ポイントは①各業界や企業が単独で輸出を考えているのではなく業界・業種を超えた輸出モデルを考えること、②物理的な商品の輸出だけではなく、知財やノウハウをライセンスという形で織り込むことにより、輸出後も継続してライセンスフィーを得られるモデルを狙うことである。そうすることにより、農水省が掲げている2030年5兆円という輸出規模を遥かに超える輸出額を実現できることになるだろう。対象を食品だけでなく、機械やIP（知的財産権）、スタートアップまで広げて考えることが重要だ。

B－3　日本発のグローバルムーブメントづくり

◆蚊帳の外に置かれる日本の発酵文化

日本発のグローバルムーブメントと聞いて、何を思い浮かべられるだろうか。

和食自体は広く世界に知れ渡っているものの、各レストランや食品メーカーが孤軍奮闘で戦っている印象がある。また、英語での発信が弱いために、日本のお家芸と言われる分野が日本が蚊帳（かや）の外に置かれたまま盛り上がる傾向も見られる。その代表例が発酵だ。

先祖代々伝わる醤油の技術を携えて米国に進出したサンジェイインターナショナル（San-J）の佐藤隆氏によると、米国の書店では発酵関連の本が多く並んでいる。一般の方も「発酵」に対する関心がある。ハーバード大学やスタンフォード大学といった名門大学でも発酵に関する講座が設けられるようになり、コーネル大学が２０２４年11月に行った「フードハッカソン（食をテーマに事業アイデアを競う）」のテーマが発酵だったという。

そして、そこで「日本の発酵文化」が語られることはあまりない。フードテックエバンジェリストの外村仁氏は、「発酵食品がたくさんあり、発酵の本も山ほどある日本からは、英語での情報は全くといっていいほど発信されていない」と問題点を語る。アジアの発酵食品として連想されるのは韓国のキムチ、というのが現実だ。

◆国と文化と食をパッケージ化する韓国

こうしたムーブメント化が上手いと感じるのは、地中海式ダイエットや韓国のK-Foodだ。地中海式ダイエットは世界遺産に認定され、地中海を囲む7カ国が、オリーブオイルを核としたヘルシーライフスタイルそのものを押し出している。

一方韓国は国と文化と食をパッケージ化している。「Kフード」の輸出が絶好調だ。発酵食品やラーメンと言えば日本のお家芸と思われるところかもしれないが、実際に世界でラーメンなどの輸出を伸ばしているのは韓国である。韓国はドラマや映画、アイドルグループなどがグローバルで人気を博しており（Global Japan Songs Excl. Japanによると、米国ビルボードの2023年のデータでは、ランクインする25万曲のうちK-Popが占める割合は4％で、日本は0・4％）、そうしたコンテンツとともに韓国の食品や化粧品などが輸出されている。

日本でラーメンを堪能して帰国する海外旅行者も、自国に帰れば、スーパーで韓国のラーメンを購入している可能性が高い。筆者が米国で食品スーパーを訪れた時も、日本の食材よりも、韓国や台湾などの加工食品の方が棚面積も広く、知名度も高いように感じられた。日本の食が好きな外国人は多いが、なかなか加工食品ブランドとは紐づけられておらず、日本の食品メーカーの知名度も低い。韓国の場合、企業グループであるＣＪグループがエンタメ事業と食品事業の両方を手がけており、相乗効果が出ているようだ。

B－4　フードイノベーションの目的地としての日本

日本が「フードイノベーションの目的地」となる。これがグローバル化3・0で最終的に目指すべきことだ。日本食を観光として楽しむだけではなく、食の未来について学びたい、食の進化のモデルを学びたいという世界のフードイノベーターが集まる場所として、日本が位置付けられる。食の未来ビジョンや、その実現に必要な国際的なルール、人材教育や産業構築のあり方などを各国のイノベーターと協議していくことによって、日本の技術や人財が世界の食のさまざまな課題解決に貢献していくことができるだろう。

農業の最先端といえばオランダのフードバレー（食品関連企業と大学などの研究機関が集積したクラスター）、料理の最先端といえばバスク地方、といった具合に、フードイノベーションといえば日本、と想起されるような打ち出し方が必要ではないか。長い食の歴史と文化、地理的多様性のある日本だからこそ、多元的価値と創造的価値という、これからの価値軸でのイノベーションをドライブしていくことができるのではないか。

◆日本の衰退産業にこそチャンスがある

現在世界で起きているユニークな動きの1つが、日本では作り手が減少したり人気がなくなって食べられなくなったりして衰退産業とされている産業が、世界の成長産業になっているということである。

例えば大豆市場。日本では古来より大豆食文化であり、大豆加工品を作る老舗・零細企業の数も多い。しかし売価が上がらず、人口も増えないなか、経営を続けることができず、各地方に残っていた企業が消えていっている状況である。国民食である豆腐などにしても、大豆を輸入品に頼りギリギリまで売価を下げざるを得ない状況となっている。一方で世界を見てみると、代替プロテイン市場が伸びていく中、Plant Based Food（植物性プロテイン）の原料として大豆などの豆類が多く使われているほか、豆そのものの価値にも注目が集まっている。

2022年頃からBeans Is Howという、（代替肉など作らなくても）そもそも豆類を食べればいいのではないかという取り組みを訴求するプレイヤーが出てきた。2028年までに豆類の消費を2倍にしようという動きを仕掛けているのだ。日本で大豆加工品が伸び悩む一方で、世界では豆を肉にしたり、豆加工食品を食べようと呼びかけている。こうした動きは本来日本から仕掛けるべきものでもあり、まさに日本の大豆加工技術が世界で求められている時代である。

また、日本は古来より海藻食文化を持つ国であるが、海外では海藻が新食材として注目されている。先述のシーベジタブルも発信していた通り、日本には１５００種類の海藻がそもそもあり、さらにほとんどの海藻には毒素がなく、問題なく食べることができる。かつ栄養素も豊富であり、タンパク質の含有量が多く、奇跡的な食材である。しかし、日本では海藻の消費がこの50年ぐらいで急激に減っている。

日本では、次のような理由で海藻食文化消滅の危機に瀕（ひん）している。潜り手が減ってきており、例えば昆布事業者は事業継承の課題に直面していること。気候変動の影響を受けて、藻場が北上することで取れなくなってきていること。またウニの増殖やアイゴが餌場を求めて移動することなどにより、磯焼けが急速に起こっていることだ。

一方世界に目を転じると、海藻はあたかも新しく見つけられた未知の食材のような扱いをされている。だが、筆者も海外で昆布などを使った料理を食べさせてもらったが、正直なところ、調理方法についても味についてもかなりがっかりなものが多い。海藻やウニの最高の食べ方など、日本の技術や技、そして文化を発信していけば、磯焼けという地球レベルの課題を解決するだけでなく、世界をよりよくすることができるのではないか。

新経済モデルC――共創エコシステムを構築する

技術のイノベーションを興し、市場を創り、価値を伝え、そのことを通じて現在のフードシステムの課題や、社会課題を解決していく。それは1社でできることではないし、1国だけでできることでもない。

それに、私たちは1社が食を支配するような未来が良いとも思わない。経済合理性だけで食を語るのであれば、その方が効率がいいのかもしれない。しかし、私たちは創造的で多元的な未来を描いている。誰もが関係する食という営みで、さまざまな業種が関連しあって成り立つフードシステムだからこそ、横連携が大切だ。新しい価値観のもとでできた仕組みのなかで、バラバラに動いていても、人もモノもお金も情報も還流しない。関係するプレーヤーが揃って行動し続け、入り口から出口、出口から入口へと、ぐるっとひと回しすることで、エンジンが回り走り出す。

これまでにも「オープンイノベーション」（自社以外の他社や他の研究機関のナレッジやノウ

ハウを取り込むことで生まれるイノベーション）など、独占するのではなく知見やアイデアをオープンにして共同プロジェクトを推進する、といったことは起こっていたが、特に食領域において、新産業構築の取り組みが世界各地で活発になっている。どのような共創の仕組みが構築されているのか、事例を見ていこう。

C－1　アカデミア×複数企業のプロジェクト組成

世界でも屈指の栄養学トップスクールである米国タフツ大学。ここで近年面白い取り組みが生まれている。タフツ大学で栄養学を扱うフリードマン栄養科学政策大学院の傘下に、２０２０年Tufts Food & Nutrition Innovation Institute（タフツ食品栄養イノベーション研究所）が発足した。タフツ大学はもともと、２０１０年から２０２１年にかけてFeed the Future Innovation Lab for Food Systems for Nutrition（未来を拓く、栄養のための食品システムイノベーションラボ）という活動をリードしてきた。これが米国政府のGlobal Hunger & Food Security Initiative（世界的な飢餓および食糧安全保障イニシアチブ）の一環として"Food Systems for Nutrition Innovation Lab（栄養イノベーションのための食品システムラボ）〟という名で活動を開始。ハーバード公衆衛生大学院や、ジョンズ・ホプキンス大学公衆衛生大学院、カリフォルニア大学デービス校など20組織のコンソーシアムを形成していた。

このTufts Food & Nutrition Innovation Instituteが面白いのは、複数企業を束ねたプロジェクトを組成していることだ。例えば、「AI×栄養」というプロジェクトでは、ネスレと植物性原料データベーススタートアップのブライトシード（FOOD AIのところで記述）とタフツ大学がメンバーとなり、栄養をテーマにフードシステム構築のためのAI活用方法とそのリスクを探求するプロジェクトを実施している。「デジタルコンシューマー」というテーマでは、ネスレ、食品大手ペプシコ、流通大手クローガーなど29社が入って、消費者が正しい栄養情報を得るためのケーススタディを行っている。他にも、「サステナビリティと栄養」、「パーソナライゼーションと栄養」などのテーマのプロジェクトが走っている。

タフツ大学は２０２３年に「Food is Medicine Institute（医食同源研究所）」を発足し、医療領域においても産官学が連携した枠組みを構築している。グーグルや小売大手のクローガー、ロックフェラー財団など45社あまりと本格的に疫学アプローチで食を医療として捉え、あるべき食習慣を提言すると共に、国の政策に入れ込んでいくための活動を開始している。

一方、タフツ大学の卒業生が立ち上げたブランチフードが、Tufts Food & Nutrition Innovation Institute と共に、2023年に『Boston Food Tech Report』を発刊。ボストンにある140社あまりのフードテックスタートアップコミュニティを構築し、情報発信を始めている。大学が企業やスタートアップと連携していく上でのハブとなっているようだ。

C-2　ネスレが率いる大企業×行政×大学の枠組み

タフツ大学でTufts Food & Nutrition Institute が発足したちょうど同じ2020年、スイスでは Swiss Food & Nutrition Valley（SFNV：スイス食品栄養バレー）が設立された。2019年にネスレがスイスのボー州でアクセラレータープログラム（大手企業や自治体が、スタートアップ企業と協業、あるいは出資して進めるプログラム）を立ち上げ、スタートアップの集積地にすべく動き始めた翌年のことだ。

SFNVの出資メンバーは、ネスレ、スイス連邦工科大学ローザンヌ校、ローザンヌホスピタリティマネジメントスクール、行政であるボー州の4機関。食品エコシステム構築促進を目的とする。注力テーマは、①精密栄養、②持続可能なプロテイン、③フードシステム、

④新しい農法開発、⑤持続可能なパッケージの5つ。これらについて130のパートナー企業を含めてプロジェクトを組成していくとする。

スイスは国としてFood Nationを掲げ、基礎研究を重視し、国外の研究者も積極的に誘致してきた。スイスはネスレをはじめ、香料大手のジボダン、食品原料のADM、DSM、製造装置のビューラーといった、グローバルトップ食関連企業が集結している。さらにスイスには大学からのスピンオフ含め300社を超える食品関連スタートアップが存在しており、連邦政府や各州が育成支援を行い、工科大学はスタートアップへの設備提供を行ってきた。

このSFNV設立にしても、もちろんネスレの存在感は大きい。ネスレの拠出額は公表されていないが、ステアリング・コミッティには、ボー州の知事やスイス連邦工科大学ローザンヌ校の学長と並んで、ネスレのCTO（最高技術責任者）がいる。ジボダンやビューラーといった企業も名をつらねており、事実上世界トップ企業と議論する窓口となるわけだ。

このSFNV設立によって、ハック・サミットを開催したり、マルチステークホルダーのプロジェクト組成を円滑に進めていくとしている。筆者たちはこのSFNVのCEOであるクリスティーナ・センヤコブセン氏とも対話をしたのだが、彼女はデンマーク出身で日本を含め10カ国以上に暮らしたことがあり、家族も食関連産業に従事するなど、常に食に関わりたいというパッションがあったという。

ウェブサイトを見るとわかるのだが、クラスター運営には、パートナーシップマネージャー、イベントマネージャー、グローバルエンゲージメント、コミュニケーションリード、システム構築担当、そしてプロジェクトリーダーといった役割の人財が揃っている。しかも女性が多い。こうした人財がクラスター運営を仕切っていることも非常に興味深いことである。

C-3　地域アセットを活用し食産業を興したスペイン・バスク地域

日本にとって参考になるのは、スペインのバスク地方にあるバスク・フード・クラスターかもしれない。

スペインの北東に位置するバスク地方は、もともと鉄鋼業やモノづくりが盛んで、欧州の自動車メーカーの部品工場が集まっており、「小さなドイツ」とも称されてきた。しかしこうした産業が立ち行かなくなってきた時、「食」の分野に目をつけ、食という産業を構築することで地域を活性化しようとしたのだ。

バスク地方はもともと独立運動が起こるほど独立意識が高く、スペインの中でも徴税権を持つ特殊な地域。モンドラゴン協同組合のもと、産業同士の結びつきが強い。サン・セバスチャンが美食の街として知られているが、その美食を支えるシェフがイノベーションの立役者となっている。

バスク・フード・クラスターができたのは2009年のことだ。その2年後の2011年にバスク・カリナリー・センター（BCC）のキャンパスが開設している。BCCは料理人が博士課程まで取得することができる大学で、モンドラゴン大学から生まれ、400人ほどが学んでいる。日本の料理学校が「専門学校」の位置付けでスキル獲得を主としているのに対し、BCCでは、食について広く専門家レベルの研究をすることができる。料理人の地位を上げることによって、料理を産業の要としようとしたのだ。

BCCはスタートアップインキュベーションにも積極的で、シェフも巻き込んだ食の起業に最適な場所だ。2021年には、バスク・フード・クラスターにある研究機関のAZTIがFood 4 Futureという欧州最大のフードテックカンファレンスを創設し、2024年時

2023年のFood 4 Futureの様子　ゲスト国である日本の国旗が見える（UnlocX撮影）

2024年のFood 4 Futureでは日本はFriend Country Partnerの位置付けに（UnlocX撮影）

っている。

点で9000人ほどが参加する規模となっている。2024年時点ではバスク州のGDPの10・7%、企業の24%が食関連になっており、同地域にとって食の存在感は相当に大きくなっている。

2023年のFood 4 Futureでは日本がゲスト国として招待された。筆者たちもスペイン大使館の招きを受け、カンファレンスに登壇した。そして2024年には、日本は「友人パートナー国」となり、スタートアップや農林水産省の関係者ら約100名あまりが訪れた。その際、バスク・フード・クラスターや、AZTI、スタートアップインキュベーションを行っているBAT、ヘルスケアを研究するCIC BIOGUNEなどを訪れたのだが、印象的だったのは、それぞれの組織の人々がお互いに顔見知りであり、各施設を訪れるツアーが非常にスムーズに実施されたことであった。

普段からよく情報交換をしたり、イベントを開催するなどしているため、どの組織にどういう相談が来ているのか、どんなスタートアップがいるのか、どんな研究が進んでいるのかといった情報が、本当にお互いよく共有されている。日本ではいろいろと組織を作ってもそれぞれ独自の動きを進めることが多い一方で、この「クラスター」としての強さは非常に印象に残った。

スペインには各地域にフードテックの研究を進めるクラスターがあり、大学がそうした産官学連携の要になっている。コンサルティング会社イーティブル・アドベンチャーズの2023年の調査では、スペインのフードテックスタートアップ111社に聞いたところ、84％が「スペイン国内の大学がスタートアップ創設のカタリスト（触媒）として貢献している」と答えており、「研究機関がフードテックスタートアップのR＆Dに貢献している」と答えたのも84％に達していた。それほど、スペインにおいてはアカデミアの存在が非常に大きいものとなっている。

ここまで、Tufts Food & Nutrition Innovation Institute、SFNV、バスク・フード・クラスターの事例を見てきた。大学が起点となって複数企業やスタートアップコミュニティを巻き込むケース、大企業と行政と大学がタッグを組み、クラスター化して動かす事例、地域起点で大学を作りカンファレンスを立ち上げ、産業を育成していくケースと、それぞれアプローチは異なる。いずれにせよ、さまざまな方法で企業同士が連携しながら、社会課題解決を図ったり、食や料理のレベルそのものを高めていったりしている。

では、日本はどのようなアプローチで産業を共創していけるのだろうか。次章以降でその可能性を探る。

第5章

［特別座談会］食の未来を実装するために必要なことは？

これまで、7つの未来シナリオとそれを実現させるカギとしての新経済モデルや新産業共創のあり方について議論してきた。海外における共創でエコシステムを構築していく事例についても考察してきたわけだが、日本における食の未来の実装は、何を目指し、誰が参画して、どのように進めていけばいいのだろうか。そもそも、日本として目指したい食の未来はどんなものなのか。なかなかそれを言語化することは難しい。

そこで、食の未来について真剣に議論を重ねている同志たちに聞いてみることにした。日本を代表する食品メーカーで、新規事業を推進している、味の素株式会社執行役　グリーン事業推進担当コーポレート本部グリーン事業推進部長の柏原正樹氏、金融という立場から日本の食料自給率の課題、食産業のグローバルにおけるポジショニングの課題を見ている株式会社三菱ＵＦＪ銀行執行役員　営業本部ケミカル・ウェルビーイング部長小杉裕司氏、アカデミアの立場から産官学連携のオープンイノベーションを推進する、東京科学大学　産学共創機構　機構長／オープンイノベーション室　室長（東京科学大学　副学長／教授）大嶋洋一氏、そして、未来の人類が構築するであろう文明の姿を見据え、テクノロジーとテクノロジーが実装された社会という観点から、「未来を実装するメディア」である『ＷＩＲＥＤ』日本版の松島倫明氏、という4名が集結。どんな「食の未来」を描きたいか、どう実装に繋げるか、白熱した議論を展開した。

出席者（敬称略）

味の素株式会社執行役グリーン事業推進担当
コーポレート本部グリーン事業推進部長　柏原正樹（かしはら）

株式会社三菱UFJ銀行執行役員　営業本部ケミカル・ウェルビーイング部長　小杉裕司

東京科学大学　産学共創機構　機構長
／オープンイノベーション室 室長（東京科学大学 副学長／教授）　大嶋洋一

『WIRED』日本版　編集長　松島倫明（みちあき）

株式会社UnlocX CEO/SKS JAPAN Founder　田中宏隆

（モデレーター）株式会社UnlocX Insight Specialist　岡田亜希子

食品メーカー、銀行、大学、メディアのキーパーソンが集結

岡田　今日は、私たちUnlocXが進めている書籍『フードテックで変わる食の未来』のための座談会にお集まりいただき、ありがとうございます。この本のなかで私たちは、2040年を想定した「食の未来」として7つのシナリオを作りました。この未来を実装していくために必要なことは何か、さまざまな分野の皆さんから客観的で多面的なご意見を聞かせていただきたいと考え、このようなオンライン座談会を企図しました。

今回初めて顔合わせされる方もいらっしゃるので、それぞれどんなことをやっていらっしゃるか、「食」との関わりを交えながら簡単な自己紹介をお願いいたします。どなたからお願いしましょうか。まずは、「食」の事業者さんである味の素の柏原さんからお願いしたいと思います。

柏原　味の素の柏原と申します。今は、グリーン事業推進部で、食とサステナビリティに関わる新事業の担当をしております。これまで私は国内外での商品開発、R&D（研究開発）、新事業関連などの担当をやって参りました。よろしくお願いします。

岡田　では、アカデミアのお立場から東工大（対談当時）の大嶋先生、お願いします。日本

は食の世界にまだ大学があまり参画していません。そんななかで、東工大は先陣を切って「アグリフードヘルスイノベーションフォーラム」というフォーラムを開催されています。

大嶋　東京工業大学（対談当時）で産学官連携を担当しております大嶋と申します。私のバックグラウンドは半導体開発なのですが、田中さんと出会ってから「食」のイノベーションへの関心が強まり、いろいろ勉強させていただくようになりました。なので、この業界に対して私は完全に素人なのですが、いろいろ知りはじめて「半導体と食や農業には結構類似するところがあるな」と思っているところです。素人が考える新しい視点が、皆さんのなかに何かのきっかけやヒントを生み出すことができたら望外の喜びです。今日は楽しく参加させていただきます。よろしくお願いします。

岡田　次は金融という観点から、三菱ＵＦＪ銀行（ＭＵＦＧ）の小杉さん、お願いします。

小杉　三菱ＵＦＪ銀行の小杉と申します。今、営業本部ケミカル・ウェルビーイング部の部長を務めていて、本来の業務はお金を貸したり、預金を集めたり、外国為替をする銀行員です。金融からしても「食」は非常に大事な社会課題だという認識の元に、２年ほど前からフード・トランスフォーメーション・プロジェクトチームを立ち上げ、食に関することは横断的に全部やるぞ、食といえばＭＵＦＧと言われるようになろう、という気持ちで活動しています。食は何とでも結びつきますから、本当に大事な領域だということをやればやるほど痛感する毎日で、金融機関の立場から、いろいろなマルチステークホルダーの座組の接着剤や潤滑油みたいになれないだろうかと考えて日々活動しています。今日もどんな話が聞けるのか、大変楽しみにしております。

小杉裕司

岡田　ＭＵＦＧは、銀行として大企業とスタートアップをつなげる役割を果たしてくださっていますし、ビジョンとして具体的な食の未来像を描かれたりもしています。そのあたりのお話ものちほど伺いたいと思います。では、メディアとしてのお立場から松島さん、お願いします。

松島　『ＷＩＲＥＤ』日本版の編集長をしております松島と申します。『ＷＩＲＥＤ』は「未来を実装するメディア」と称して、テクノロジーがどのように人間の社会や文化を変えていくのかというところをいろいろ追いかけています。「食」に関しては、田中さん、岡田さんと一緒に活動させていただくことが多く、「人類の食とウェルビーイング」のつながりを多角的な視点から深堀りするウェビナーシリーズ「フードイノベーションの未来像」では、

3、4年ご一緒させていただいています。また今は「Tokyo Regenerative Food Lab」でもご一緒させていただいています。勉強することばかりで、今日は何をアウトプットできるのかやや心もとないですが、未来を考えることは大好きなので、楽しく対話ができればと思っています。

田中　僕らとしては、いま考えられる最高のメンバーでこうして座談会が実現できて、大変嬉しいです。皆さんそれぞれお立場が違うので、異なる観点から面白いお話が伺えるだろうと期待が高まっています。どうぞよろしくお願いします。

ホラーストーリーではない未来像を

松島倫明

岡田　さて、この本で私たちUnlocXメンバーは、2040年という設定での「食の未来」を、生活者のライフスタイル、産業の構造やあり方、社会システム全体としてどういうことが起こっていくかなどを想像して、7つのシナリオを作りました。これについて、それぞれのお立場から、皆さんに忌憚(きたん)ないご意見をいただきたいと思っています。

田中　これを考える際に僕らが強く意識したのは、未来に対して考えうる悪い状態を想起したホラーストーリーを描くのではなく、明るくてワクワク感の湧く未来像を描き出そう、ということでした。例えば食料自給率の課題一つ取っても、皆さん結構ヒリヒリしたものを感じていると思います。そういった課題に対して、「こういうことができれば、こんな課題も結構解決できるんじゃないか」という姿勢で、人々が輝く姿をイメージしながら、よい方向性に向かって行く未来を描きたいと考えました。そしてこれを理想論にしないために、これからみんなで「こういうことをやっていこうよ」という具体的な提起につなげていきたいと考えたんです。

我々の構想した世界観にどんな感想を持たれたか、ざっくばらんにお話しいただけると嬉しいです。

「食の未来」七つのシナリオ　要点

未来シナリオ①「作る」が広がる料理の未来

都市住民であっても、食材自体を自ら栽培することがポピュラーになる。料理の価値が見直され、より創造性を発揮する活動に変わる。

未来シナリオ②世界に開かれた循環型経済を目指す——「自給自足6・0」

国単位だけでなく都市や地域・地区、企業単位で食料自給率がわかる時代がくる。食料自給率向上に貢献すれば法人税軽減も。こうしたマイクロな単位での努力により日本全体の食料自給率が上がるとともに、技術の進歩により超循環型社会を実現できる可能性が生じる。

未来シナリオ③「料理」だけではなく「食の生産」を前提とした家電がある未来

ネオ・三種の神器が登場（3Dフードプリンター、ネオ冷蔵庫、ホーム・ヴァーティカル・ファーミング）。家庭のみならずオフィスやレストラン、駅ビルや公民館などにも配置され、職場で「同じ釜の飯」効果を生み、災害時の重要なインフラになる。

未来シナリオ④Unlockされたシェフが創る新たな食産業

冷凍技術などの進化によって「中食」の輸出が可能になり、シェフがその一翼を担うようになる。日本のシェフの力によって、日本食と世界の食文化との融合も進み、新たな産業が創造される。

未来シナリオ⑤誰もが食のクリエイターになる未来

食にメイカーズムーブメントが起こり、「こんな食品や飲み物があったらいいな」「こんな食のサービスがあったらいいな」とアイデアを持つ個人が、実際に作ってみる、そんなことが可能になっている。

未来シナリオ⑥パーソナライズ&ソーシャライズを実現する食

個人の健康状態に合わせた食(パーソナライズされた食)が提供されるようになる。ただし、個の事情に合わせながらも、共に食べることの価値も重視されている。

未来シナリオ⑦地方創生が目指すマイクロフードシステムモデル

地方ごとに冷凍冷蔵技術や食品加工技術などの最先端技術が導入され、アップサイクルやリサイクルなど循環型経済が実装された「マイクロフードシステム」が誕生。地域の住民だけでなく、大手企業や海外プレイヤーなども参画し、産業や市場、そして雇用を生む。各地方の多様な食文化や歴史への理解が進み、それらの価値が解放される。

「パーソナル化」と「共食」の併存

柏原　大変興味深い未来像を示していただけたと思います。食のパーソナル化、デジタル化には弊社も取り組んでいます。その人の健康状態に合わせた食を提供していくとか、その人の趣味・嗜好に合わせた食をデジタルを使って提供するということは、弊社だけではなく食に携わる皆さんが目指してきたところです。

これからもパーソナル化の取り組みは進み、その先に新しい食の未来があると思います。一方で、人が食べたいものは同質的とも言えると思います。同じものを食べるところには、「共食」の喜び、楽しさがある。同じものを食べられるのは健康である証しですし、その食が環境に配慮されたものであれば、人にとっても地球にとってもよい。私は、パーソナル化と同時に、同じものを食べる喜び、共食の喜びも、未来に向けての一つのキーワードになっていく気がしています。

岡田　そうですね。パーソナライゼーションによって「孤食」のような方向性に進んでいくのではなく、むしろ人と人をつなげていくことになるのではないか。⑥のあたりがまさにそれで、私たちも個々に向けての最適化が進むことで、共同体における食のあり方は「人とつながる」方向に向かうと考えています。そのキーワードとして「共食」はいいですね。

柏原　もう一つは、今は単にヘルシーでおいしければ良いわけではなく、地球環境に配慮して食べる時代になっていますね。そのために我々は、食品技術を活用してプラントベース食（植物性の原料を活用した食品）のおいしさや食感を向上させたり、更にはバイオ技術を使って、精密発酵（微生物発酵を用いて、タンパク質などを作り出す技術）や、細胞農業（細胞培養技術を用いて食料などを生産すること）のような新しいフードシステムの共創を検討しています。結果的にそれが、美味しくて、ヘルシーで、また手に取りやすい価格で、かつサステナブルなものになる、そういうところを目指していこうという話をしています。

そのなかであらためて気づいたのが、和食の考え方です。2013年に和食はユネスコの無形文化遺産に登録されています。その登録にあたって掲げられた和食の特長が素晴らしいと思います。一つ目は、多様で新鮮な食材の持ち味を生かすこと。二つ目は、一汁三菜や動物性油脂が少ない、など健康的な食生活を支える栄養バランス。三つ目は、自然の美しさや季節の移ろい、季節感を表現すること。四つ目は、年中行事と食の密接な関わり。食べることがイベントにもなっている。日本食の根底にあるこの考え方はすごいな、未来の食を考える上でも大事なポイントを兼ね備えているじゃないか、と再認識したんですよ。

田中　面白いですね。新しいフードシステムの開発を進めていくなかで、日本の食の持つ強みを再確認された。まさにそうなんですよね、見過ごされがちですが、日本の「食」には素晴らしい価値、強みがいろいろ潜在している。僕らもそれは実感しています。

経済的にもサステナブルでないといけない

小杉　七つのシナリオ、とても明るくて楽しい未来だと思いました。一般の方たちを念頭に置いたということで、全体的にユーザー目線寄り、アプリケーション寄りのものが多く、食に関わっている人でなくても惹きつけられる内容だな、と思いました。

柏原正樹

私どもは金融機関なので、こういった未来像に対してお金の面で何が求められるだろうか、と考えます。

アプリケーションの進化が世の中に定着する、つまりは実装されていくには、こういった一つひとつの取り組みにちゃんとお金が回る、銀行がお金を貸せるかたちのビジネスモデルになっていかないと経済的にもサステナブル（持続可能）ではない。インフラ、プラットフォーム、やはりファンダメンタル（経済的な基礎条件）が整わなければいけない。

我々はそういったところをきちんと整えて、プラットフォームの上に楽しいＡＰＩ（ソフトウェア同士をつなぐインターフェイス）的なアプリケーションが乗っていくようにする、役割分担としてそういう立ち位置で共創関係に臨むべきだな、と感じました。

田中　おっしゃる通りで、描いた未来像を妄想にしないためには、「経済的にしっかり回るために何が必要か」といったことも、もっとどんどん語られるべきだと僕も思っています。フードテックがどんなに進化し、画期的なアプリケーションが出てきても、インフラが整っていなければ続けていくのは難しい。両輪がきちんと回らなければ実装していけませんからね。

もはやＡＩを抜きにしての未来は考えられない

松島　僕は七つの未来像を見ていて、「リジェネラティブ（regenerative）」という言葉が頭に浮かびました。単純に言えば「再生的」ということですが、環境だけでなく経済や地域・

コミュニティの再生につながるもの、人々をより幸福で前向きな方向に導いていく力を再び取り戻す、というニュアンスで僕はこの言葉を使っています。

今は、産業やビジネスが一面的に経済指標で評価され、食も消費されるものにしかなっていない。いうなれば経済資本一本足になっています。もっと社会関係資本を増やすこと、自然資本を増やすこと、生物多様性を増やすこともビジネスのゴールだと考えると、食は社会の点と点をつなげる「要」になる。ここに描かれた未来が実現されるためには、食の産業構造をいかにリジェネラティブに変えていけるかがポイントかな、と思いました。

あと、これは意図的にそうしているのか伺いたかったのですが、未来像の中にＡＩという言葉があまり見られませんね。『ＷＩＲＥＤ』では、一昨年くらいから毎日のようにＡＩのことを記事で取り上げています。食のパーソナライゼーションも、たぶんＡＩを抜きにしては考えられない、と思っています。なので、そのあたりのお考えを知りたいなと率直に思いました。

田中　ＡＩを抜きにしての未来は考えられない、その点は僕らも全く同感です。実際、生成ＡＩによって、これまでできなかったことがいろいろできるようになり、調理や家電の進化もガラッと変わってきています。それこそ死にかけていたようなサービスが、生成ＡＩによってポジションを変えて再生してきたような側面が結構あります。社会への浸透度がそのくらい深まると思われるので、逐一ＡＩという言葉を使わなかったところがありますが、実際にはどの未来像も、クリエイティブなところは生成ＡＩ含めあらゆるＡＩ技術があるからこそできることばかりです。

とくに、ＡＩによってパーソナライゼーションはものすごい勢いで変わりつつある。これからとんでもない領域に行こうとしているという印象です。松島さんは仕事柄、ＡＩの進展にアンテナを張って高い感度で見てこられているわけですが、生成ＡＩによって食の世界に今後どんな潮流が生まれてくると思いますか。

松島　僕はＡＩアシスタントに対してポジティブ派で、人間側が力を得るための「めちゃくちゃ優秀なバディ」を手にできるようになる、というイメージでいます。

今は「この食材はどうやって食べたらいいか」「どんなレシピが考えられるか」といったことは、簡単に検索できるけれど、「今晩、何にしようかな？」「なんか体調がすぐれないけど、何を食べればいいかな？」といった言語化が難しいことは検索できない。でも、味の素さんの持っているさまざまな知見や情報がＡＰＩで開放されていたとすると、僕のＡＩアシスタントが自分のスマートフォンの多様なアプリの履歴やウェアラブルデバイスの生体データを照合しながら、「こんな体調だったら、こういうものを食べるといい」ということも、「近くでこんな食材を買える」といったことも、味の素さんに訊きにいって知ることができる。個人がものすごくパワーアップできるんじゃないかと思います。

「みんなは何を食べているのか」がわかったら

柏原　情報を共有できるようにすることはすごく大事だと思っています。企業だけでなく、個々の情報にしても。例えば、「みんな、何食べているんだろう？」というのは判らないじゃないですか。隣の家のおかずは判らないんです。

もし皆が何を食べているのかが判るようになったら、明日のメニューを決める悩みが少し減ります。嬉しいのは消費者だけではなく、スーパーマーケットは、今の時期、何を仕入れたらいいかの目安になります。生産者の方は、過去のデータを参考に、いつどういう作物の需要が増えるかを知ることができて、いつ何を栽培し、いつ頃出荷するという予定を組みやすくなると、無駄が生じなくて済みます。オープンになっているデータをもとにぐるぐる回していけば、美味しくて、健康的になれて、幸福な食が可能になり、しかも無駄が出なくなる。そういうかたちが可能になるかもしれないですよね。

今はそういう仕組みはありませんし、食産業は大量生産、大量消費モデルで、サプライチェーンが長いこともあり、生活者の情報は取りにくかったのだと思います。だから考えにくかったのではないでしょうか。

田中　大量生産、大量消費こそが効率的でコストを下げられるモデルとずっと考えられてきていて、食品業界はそのエコノミー・オブ・スケール（規模の経済。生産規模を拡大するほど、生産コストが低下し、収益性が向上する仕組み）から脱しきれないところがあるということですね。

柏原　そうですね、農業も、ＡＩ農業とか情報農業とかもいわれてきていますが、例えば、遠くにある生産地から運んでこなくても、近くの植物工場で作った野菜が、とても美味しくて、しかもヘルシー。大量生産ではないけれど、流通の手間やコストも抑えられる。そういったスモールビレッジみたいなものが作れれば面白いですよね。

大量生産に比べてスモールプロダクションはコストが高くなるのが一般的です。けれども、小規模でも、それがお客さんのバリューにフィットすれば、最適化できる。例えば、予約で作ってもらうようにして、それをきちんと食べきる、ロスを出さずに消費しきるようにできれば、ジャストボリュームで、ジャストインタイムで、ジャストフィットな食が提供できないでしょうか。

小杉　柏原さんが今おっしゃったのは、「サーキュラーエコノミー（循環経済）」のかたちですね。

上流から下流へと一方向に進む「リニアエコノミー（線形経済）」には大量生産、大量消費の仕組みを構築することで、誰もが同じものを安く手軽に手に入れられるようになったというメリットがありました。しかし、一方ではその50％ほどフードロスが出ている。リニアエコノミーにはそういう功罪があります。

こうした現状に対して、近年、特にヨーロッパを中心に、資源の効率的・循環的な利用を図りつつ、付加価値の最大化を目指そうということで提唱されているのがサーキュラーエコノミーです。おっしゃる通り、スモールプロダクションは高くなる。サーキュラーをやろうとするとお金がかかります。「それを誰が払うのか?」という話になってきますので、これにはこれの課題があります。

けれども、各地域地域で自給率が１００％のコミュニティがあって、そこはフードロスがゼロで完結していますという姿がゆくゆく実現していければ、貨幣経済から解放されたウェルビーイングと自給自足が完結している社会になり得るのかなと思いますね。

田中　以前、小規模でも経済的に成り立つにはどういうことが考えられるかという話を松島さんとしたことがあります。ファンダム（熱心なファン集団）のようなユーザーを獲得しておくといい、と。これって、柏原さんがおっしゃった「予約」と近いですよね。そういう実現手段もあるのかなとも思います。それが、テクノロジーの世界で結びついたらどうなるんだろうかと、今のお話を聞いていて思いました。

発想の転換でパラダイムシフトを起こせ！

田中　いろいろな未来があると思うんですけど、今までの前提条件がガラッと変わるみたいな環境って、どうやったら作れるのでしょうか。日本ではどうやったらそういうモデルができるだろうかということを少し考えてみたいですね。大嶋先生、いかがですか。

これまでとは違うものの見方、発想の転換が必要ですね。

大嶋　例えば、冷蔵庫。私は、冷蔵庫は「クールなスペースを販売する」と発想を変えた方がいいんじゃないか、とよく言っています。スマホはメモリーというスペースで商売しているわけです。冷蔵庫も、クールさを維持するスペースというところをもっと考えれば、活用の方法についてこれまでとは違うアイデアが出てくるんじゃないですかね。

消費者側にしても、家電量販店で空っぽの冷蔵庫を見て、サイズと色だけを基準に選ぶのは、使い方と全然合っていない気がします。「スペースを買う」と考えると、そのスペースにどんなふうにものが収まるか、どういうところが使いやすいのかを見て、その利点にお金を払うような考え方になりますよ。

当然、これからは冷蔵庫もＡＩ機能が進みます。日々の情報がどんどん冷蔵庫に蓄積されていく。この人が日常的に食べているものはこういうものだというデータから、次はこういったものを提供すればいいいんじゃないかという発想が生まれる。健康管理にも使えるでしょうし、新しい介護の仕方みたいなことにもつながっていくかもしれません。その家のさまざまな食に関する情報が、実は冷蔵庫からもたらされる。メーカーはそういう視点で開発を進めれば、これまでとはまったく違うビジネスモデルが構築できるのではないかな、少なくともそういった姿勢が新しいビジネスチャンスを生むんじゃないかな、と思っています。

大嶋洋一

田中　未来像の②で登場する「ネオ・三種の神器」のなかのネオ冷蔵庫というのは、まさにそういうものをイメージしています。

大嶋　クールスペース冷蔵庫も、インターネット上でデジタル情報をやり取りすればいいので、そこには全く新しいクリエイティブなマーケットがあり得るような気がします。

それに加えて、「デジタルフードってできないのかな」と思っています。その人の体に必要な栄養素などをちゃんと配合してあるものを、みんなが家に置いてあって、デジタルプリンターで「今日はこんな形で食べたい」とピッと押すとレシピがきて、それに沿った料理がちゃんとパーソナライズでできる。1個ずつしか食べないので、無駄も出ない。そういう新しい食の世界観が産業構造を変革するチャンスがあるのではないかなと。

3Dプリンターを作っているところは、おそらくフードを材料にしようとあまり考えていないと思うんですね。プリンターという名前に引きずられずに、栄養の観点を重視した新しい食べ物を作り出すことをコンセプトとし、料理の仕方は共有できるような世界観は、もしかしたら一気にコストリダクションできるかもしれないですね。アナログ的に、原材料や食材を遠くから消費地まで運んでくるのではなくて、各家庭は同じ材料で持っていて、3つぐらいの要素を組み合わせることで、いろいろおいしい料理ができますよ、と。デジタルプリンターを考える人たちが狙ってもいい領域かなという気がします。

デジタルの強みは「コピーしてもコストがゼロ」という点だと思うんですよ。だからパーソナライズができるんだけど、その世界観に「食」はすごく遠い。もっともっとデジタル化の中に入ってくれれば、提供できるサービスがいろいろ出てきます。

アカデミアにいる私たちはビジネスの実情を知らない、現実的にはこんな制約があるよ、ということを知らないので自由発想できるんですが、これまでとはガラッと変わるものを生み出すには、こういう人種も必要ですよね。「この案は使えるな」というものをうまく使っていただけると、産学連携のコミュニケーションがよりうまくいくかなと思っています。

潤沢であることの価値

松島　デジタルの強みは「コピーしてもコストがゼロ」なところにあるという大嶋先生のお話を伺っていて思い当たったことがあります。

僕は前職では書籍の編集者をしていたのですが、15年ほど前、『FREE　フリー〈無料〉からお金を生みだす新戦略』（クリス・アンダーソン著　小林弘人監修　高橋則明訳　NHK出版）という本を編集したときに「フリーミアム」という概念に出合いました。

フリー（無料）とプレミアム（割増）を組み合わせて「フリーミアム」。例えば、今までは試供品を配って、気に入ってくれた方が商品を買ってくれていた。でも試供品は物理的なものので、作るのにも配るのにもコストがかかる。試供品を1万個配って売り上げが立っても、そこには1万個の試供品のコストも含まれている。

ところが、デジタルデータは基本的に無料。コストが一切かからない。そこで、9割は無料なんだけど、「本当にこれいいね」と気に入った人には、上位サービスを有料で提供する。トップの1割だけにお金を課す。これがフリーミアムというデジタル経済の一つの考え方です。

物理的なものは希少性に価値があって、消費するとなくなってしまう希少なものにどうやって値段をつけるかということで経済が回っていた。けれども、デジタルはいくらコピーしてももとは変わらないし、コストもかからない。むしろ「潤沢である」ことに価値がある、と考えます。15年経った今どうなっているかというと、メディアのサブスクリプションなど、フリーミアムモデルがわりと一般的になっていますよね。潤沢さに根ざした経済の使い方を、みんながだんだんわかってきたということなのかなと思っています。

田中　そういえば、『限界費用ゼロ社会〈モノのインターネット〉と共有型経済の台頭』（ジェレミー・リフキン著　柴田裕之訳　NHK出版）も松島さんが前職の時代に担当された本ですが、デジタル技術の発達によってモノやサービスを生み出すコストが限りなくゼロに近づくのが「限界費用ゼロ」の社会だということで、そのモデルをリアルの世界でもやれるのがリジェネラティブなんじゃないか、みたいな話をしたことがありましたね。

松島　そうですね、物理的なものとデジタルとが重なるところで、どういう経済の仕組みを作っていくか。食は物理的なものですが、食の情報をデジタルデータとして変換できれば、大嶋先生がおっしゃるように全員に配ってもほぼ無料で済みます。

先ほど柏原さんがおっしゃっていたことで興味深いのは、隣の家が何を食べているか、今はみんな知らない、という点。だからその情報は希少です。そのデータを公開してよければ、世界中で何億というデータがすぐに取れる。自分が今日食べたものの情報を人に与えても、それで自分の飯がなくなるわけじゃないから、その情報はいくらでも世界中の人にシェアできる。それをみんなが無料で利用できることで、食の経済がうまく回るかもしれない。めちゃくちゃ潤沢さを生かせる資源だと思うんですよ。隣の家のご飯のメニューって、そういう意味では物理とデジタルのスイッチとして、とてもいい例だなと思いました。そこからとても大きな価値が生まれてくるんじゃないですかね。

柏原　その情報を、うまく冷蔵庫などに仕込めればいいんですよね。

田中　大きなヒントが出た気がしますね。リアルなものに、情報という付加価値をつけていく。たくさんあればあるほどそこにデジタルコンテンツが乗っかるから、食は高付加価値化のプラットフォームになる。そしてぐるぐる循環させていく。

松島　多元的な、複雑なものを複雑なまま解決していく技術をどうやったら実現できるのかが、2020年代のテクノロジーの大きな課題になっています。そこがこれからのチャレンジで、AIやブロックチェーンを使いながら、複雑なものを複雑なまま活用できるようになると、食の多元性が残ったまま最適化が実現できる社会になってくるでしょう。そこが目指すところなのかと思います。

「希少だから価値があるのではなく、潤沢であればあるほど一つひとつの価値も上がる」という社会にどうやったらできるか。たぶん自給率もそうですし、複雑なものを複雑なままにする多元的な経済の実現にしてもそうですし、そのあたりの食を考えることが、これからの文明を考えるど真ん中の問題だなって、今話しながら思いました。

実装への推進力を高めるのは具体的なビジョン

岡田　ここまで、さまざまなアイデアや新しい経済モデルのコンセプトが出てきました。小杉さんは金融機関としての立場で、数年前からこれからの食の未来をどう構想するか、どのように社会実装につなげていくかお考えになってきたと思いますが、それを実現するカギはなんでしょうか。

小杉　日本の食の未来を考えるときに、マルチステークホルダーという言葉がよく出ます。いろいろな業界が共創するとなると、産学官という言い方がよくされますが、ぜひそこに金融も加えていただいて、「産官学金」の共創だと思っていただけるようになりたい、というのが我々の願いです。

私たちは、ＭＵＦＧとして食の未来に何ができるか、UnlocXさんにお知恵を借りながらいろいろ議論を重ねてきました。「明るい日本の食の未来」とはどういうものかを明確にし、その実現のために足りない技術は何かとバックキャスティングして、「今ここにお金を投入すべきだ」というところにつなげていくかたちにしたい。

自給率が１００％達成できていて、かつ、美味しい、楽しい、食がカルチャーと両立できているウェルビーイングな世界を明るい食の未来と定義づけましょう、２０５０年の明るい未来を描いていきましょうといった話をしてきています。

ただ言葉にしただけではピンとこないので、これもUnlocXさんにご協力いただいて、一

食の未来丸

つの絵にしてみましょうということで、「食の未来丸（food ark8）」という未来構想図を作りました。２０５０年にこれが8隻あると、日本の自給率は完璧です、というような巨大な船です。

一つの絵をイメージできれば、これが一つのビジョンとなり、ここにつながる技術とか、スタートアップとか、アカデミアとか、資金、あるいはこれのミニチュア版を作る実験といったことなど、やるべきことが具体的に出てきます。バックキャスティングしやすくなります。そこから着手していきたい。そこにお金が流れるように金融機関としてもやっていきたい。これを社会実装のための第一歩と位置付けています。超ロングビジョンと、そこにつながっている足元の短期的な課題をつなげながら、行ったり来たりしながら、社会実装を果たしていきたいというイメージを持っています。

田中　クリアなビジョンを持って、それを可視化していくことは大切ですよね。それがあることで、より多くの人がイメージを共有できる。その歩みがやはり実装につながります。一見遠い話のように見えることのなかにも、実は確固たる足元の技術も入っていて、未来につなげていく道筋が見えてくる。そこにお金を回していく。僕は、ＭＵＦＧさんが食の未来に対してこういった具体的なモーションを起こしてくれたことにとても感激しています。やっぱりファンダメンタルが整っていなければ実装は難しいですから。

食はあらゆる人が語れる分野

岡田　最後に、これから未来に向けて、それぞれのお立場でこういうことをしていきたい、これこそ必要だと思われることをお聞かせいただけたらと思います。

大嶋　今日はいろいろな意見を聞くことができて楽しかったです。私は、こういう対話の場を作ることがとても大事だと思っています。日ごろ仕事のベースは全く違うところにある人たちが、ちゃんとそれぞれの「異」の部分を理解しながらこうしていろいろ意見を出し、コミュニケーションできる。こういう対話の積み重ねが、明るい食の未来のためにはもっと必要だ、と感じました。

「食」というのは誰にとっても生きるために重要な要素であって、食を専門としない人たちであっても語ることができる。子どもでも、高齢者でも、みんなが話せます。

我々の食に対しての感覚は、それなりに恵まれた環境のなかでのことです。その日食べるにも苦労しているような人たちが、食に対してどんな捉え方、ものの見方をしているのかといったことも知る機会を持てれば、また一層視点が広がる。グローバルなネットワークのなかでのコミュニケートも大事だし、さまざまな人が対話に参加することで、いろいろな触発があり、気づきが生まれる。そうやって、個々が食との関わり方を考えることができるような場を作っていくことが重要なんじゃないかと思いました。

小杉　私も同じ思いです。今お話があった通り、食は身近な問題、全員が考える問題です。老若男女、みんなで考えることを日本の強みにできるといいと思っています。皆さん、食べ物についてもっともっと語り合いましょう。

柏原　食をアップデートしていくということは、一企業でやれることではありません。業界で、それも食品業界だけではなくて、いろいろな業界が考えてやることが重要なのですが、今日いろいろお話を聞いていて、産業界の課題というよりは、今を生きる生活者として一人ひとりが自分の問題として捉え、知恵を出さないといけないことなんだな、という認識を強くしました。デジタル社会における情報の活用も含めて、食について対話ができる場が増えることが、未来の社会につながる大事な一歩なのかと思います。

松島　食の未来を考えることは、とてもクリエイティブな行為だと思います。特に先ほど申し上げたような、これからリジェネラティブな社会を作っていく上では大事なトピックスだと思うので、何をどう食べるのかということを考える機会、語れる場にどんどんコミットしてもらえればと思っています。

田中　皆さん言ってくださったように、業界・業種、年齢や国籍といったさまざまな違いを越えて誰もが自由な対話、議論ができるのが食の面白さです。ですから、食関連のカンファレンスでもいいですし、イベントでもいい、ぜひいろいろなところへ行き、食への関心をどんどん広げていってほしいですね。

大嶋　アカデミアも場を提供できます。大学というのはある意味で中立的だし、専門的だし、そういう役割を担える環境です。大学の基礎教養のなかに、「食」を入れてもいいなと思いますね。食について幅広くいろいろな知識を得ていれば、食について考える接点もどんどん増えるでしょう。今日はそういうイマジネーションが湧きました。

柏原　いいですね、ぜひ教養として食の講座をやっていただきたいです。

大嶋　「食教養講座 in 東京テック」、その節は皆さんに講師をお願いしたいですね。

（2024年6月19日　オンラインで開催）

第6章

日本発でつくりたい食の未来を共創するために

◈食の未来を一緒につくろう

まず、読者の皆様と、第1章から第5章までで書いてきたことを、もう一度振り返っておきたい。

第1章と第2章はグローバルに見た食の進化の最前線トレンドとこれから求められる価値について、第3章は日本の状況を中心に据えながらも、グローバルでも起こりうる7つの未来像を提示した。この未来シナリオは、「つくりたい食の未来」であり、業界・国籍を超えたイノベーター、チェンジメーカーの方々と業界・国籍を越えた共有ビジョン（Shared Vision）として掲げたいと思って私たちがつくり上げたものだ（なお、この7つに留まらず、読者の皆様自身も「こうありたい食の未来」を思い描いてほしい）。

第4章ではつくりたい未来シナリオを実現するために必要な新経済モデルについて語った。「A．流通が多元的価値を受け止めてしっかり売り切る」については、グローバルで必要とされているモデルであるし、北米ではエレウォン（Erewhon）やフォックストロット（Foxtrot）、最近ではZ世代向けの食品マーケットであるポップアップグローサー（Pop Up Grocer）などの新チャネルが登場している。「B．食産業としてグローバル化3・0を目指す」では、日本が新しい形で、食のグローバル化を行いうることを示している。世界中で高まる日本の食文化・食品開発技術・技(わざ)への関心にタイムリーに応えていくためにも、「グローバル化3・0」を突き進めることが必要だ。「C．共創エコシステムを構築する」では、世界で同時多発的に動き始めている共創モデルの可能性と必要性について述べた。日本でもこのようなモデルを構築することが求められているし、「共創型組織」が立ち上がりつつある。

第5章では、実際に活動プレイヤーとの対談を通じ、食の未来を共創していくためのヒント、食領域の可能性について語った。食品メーカー、大手金融機関、大学、メディアという多様なプレイヤーが食の進化の可能性を語ることにより、**〝日本が動き出している〟**と感じてもらえたのではないだろうか。

そして本章では、読者の多くの方が日本の可能性を信じている方、信じたい方であると想定して、**「日本発でつくりたい食の未来を共創するために」**と題して、新たな食産業づくりに向けてどのような取り組みが必要なのかということを考えてみたい。日本に可能性はあるのか？　日本の食は自動車産業などに次ぐ新しい産業になり得るのか？　日本の食はこれから本当に社会的にも経済的にも豊かさを取り戻すことができるのか？　こうした問いを携えつつ、明日からの読者の皆様の行動に何かしらお役に立てれば望外の喜びである。

◆日本の食の強みは空前絶後の注目度！

筆者たちは、さまざまなところで食の領域において日本の強みはあるのか、日本に可能性はあるのかということをよく聞かれる。答えはもちろんイエスである。例えば

- 高齢化・孤独・自然災害を抱える課題先進国としてのポジショニング
- 企業・研究機関が有するおいしさ設計技術・素材開発力・食品加工技術
- 日本に存在する食文化や技（大豆食文化、海藻食文化、発酵技術、保存技術など）
- 奇跡の国土が育んできた自然と共存する食の多様性
- 和食の伝統や様式にリジェネラティブ（regenerative）さが織り込まれていること
- 日本の地域の力：地方に眠るさまざまなアセット・地域における食文化
- 料理人や調理人が有するエンジニアリング力・再現力・魔改造力
- 世界的に見て圧倒的に効率的な物流オペレーション
- 日本が持っているおもてなし・ホスピタリティ
- 本当においしい飲食店・多様な選択肢　等々

おそらく、多様な視点から考えると、日本の食に関する強みは、かなりの数が出てくると考えているし、読者の方々もさほど違和感なく、強みの広がりは納得されるのではないか。筆者らも世界中のイノベーターやエコシステムビルダーと対話をするなかで、この数年**「日本と一緒に食の領域で何かをやりたい」**というラブコールを数多く受けている。日本に眠っている食の強みは、世界から注目の的となっており、その気になれば空前絶後のチャンスを獲得できる状況なのである。

◆強みを駆動せよ

では、食の領域に数多くの強みがあるからといって、それがそのまま日本の強みとして世界に打ち出すことができるのだろうか、この国を支える新産業に昇華させることができるのだろうか？　現在の強みは今後も日本の強みであり続けることができるのであろうか？〝日本の食には実は強みがある〟〝実はすごい〟、と言いつつも、本当にそれが実装・浸透し社会インパクトを出せているのか？　経済インパクトは出せているのか？　食品メーカーの世界トップランクに、日本企業はどれだけ食い込めているのだろうか？　調理家電を担う日本の家電メーカーは、家電のイノベーションを起こしうるのだろうか？（CES2025を見る限り中韓との差が生まれている）。スペイン、イタリア、オランダ、カナダ、韓国、シンガポールなどの国が、食を国家戦略として押し出しているが、日本は食を国家戦略として、新産業創造の起爆剤として取り上げられるのだろうか？

ここまでワクワクした未来を提示してきた私たちだが、日本の強みは現時点では相応にあると感じつつも、その**鮮度は実は短い**のではと考えている。

デジタル化、AIやセンシング技術の浸透によって、これまでの職人技や特殊スキル技術がデータ化、可視化、自動化され、継承・共有しやすくなる。日本の食文化・食体験に感動し、海外で模倣するプレイヤーも出てくるかもしれない（これ自体は喜ばしいことなのだが、ともすれば技術やアイデアだけ盗まれるというリスクがある＝日本にお金が落ちない）。

さらには、昨今日本が有する食品開発・製造技術などに世界がアプローチしてきているが、日本企業の対応スピードが合わない場合や日本企業が積極的に外部と連携しない場合は、動かない日本を素通りして、日本以外でコトが進んでいく可能性も高い。すなわち**ジャパン・パッシング**だ（実際に海外プレイヤーからは、「日本は技術的にも市場的にも魅力だが、日本企業のスピードの遅さが深刻な課題だ」と言われることが本当に多い）。

ひょっとしたらパッシングはまだマシかもしれない。もし、企業が動かない場合は、技術者だけ引き抜いていく、技術を盗んでいくことも十分あり得るだろう（これもジャパン・パッシングと合わせて、ハイテクの世界が辿ってきた道である）。先手を打つべきである。

さらに地方に目を向けると、素晴らしい技術や技を持っている中小企業や個店が、後継者がいないなどの問題により、人知れず事業を閉じているということ、あるいは、外資資本がそういう企業を獲得している状況がある。今のままでは、いつの間にか日本の強みが消えていく、どこかにいってしまうということが刻々と起きている。認識すべき**危機**である。

日本の食領域には世界に誇れる強みはあるものの、今この強みを駆動（Activate）しなければ、それが日本から消えてしまう可能性が高い。これは、先述の通りハイテク分野で起きたことである。

日本のハイテク業界は、モノづくりは世界一、技術力は世界一、いいものを作れば売れるはず、と、誇りを持ち取り組むことは素晴らしかったが、世界の変化、生活者のニーズを捉えきれなかったことにより、「いいもの」が何かわからなくなった。一方で、社会と生活者の求める価値を多元的に理解し、そこに技術を活用することを徹底したグローバルプレイヤーと大きな差が開いてしまった。結果として世界における日系電機メーカーのプレゼンスは劇的に下がってしまった。

ハイテク分野の轍は食の世界では踏むべきではない。

日本の強みはある。ただ、それを再編集して、再定義して、新しい形で駆動させなければいけない。UnlocXを立ち上げたのは、まさにこうした**チャンスと危機感がピークに達してきている今、日本発で動きをつくっていく必要がある**と考えたからだ。

◆iPhone前夜を超えて～未来を共創するためのカギを握る要素

『フードテック革命』（日経BP）の中では、2020年は〝iPhone前夜〟であるという言い方をしていたが、今（2025年1月）は、食のiPhoneが生まれる環境が整ってきている。

iPhoneが生まれる環境とはどういうことか。iPhoneが世に発表された時、それは非常にイノベーティブな製品に見えたが、部品単位で見てみると、目新しいものはなかった。半導体チップやセンサー、ディスプレー、いずれもすでに世にあるものを組み合わせたものだった。それでも、人々にとっては単なる「電話」ではなく、「コンピュータ」を常に片手に持つという全く新しいライフスタイルが提示されたのだ。

今、食の領域では、生成ＡＩを使った食品開発サービス、次世代型植物工場、未来型レシピサービス、分散型レストラン＆フードロボ、３Ｄフードプリンター、医療レベルの生体情報が取得できるパーソナライズドサービスなど、食のイノベーションのパーツが生まれてきている。これらを統合したライフスタイルソリューションがいつ出てきてもおかしくはない。

日本には、こうした先端領域向けのコア技術を有するだけでなく、食の iPhone のＯＳを押さえること、そして体験を創ることができる技術や人財も存在する。しかし、日本の食のイノベーターは大手企業をはじめ企業にロックイン（閉じ込められて）されており、外に出て、新規事業を自由に試したり、協業をドライブしたりすることがなかなかできない。iPhone が生まれる前も、大手企業には iPhone のコンセプトを理解する個人は確かに存在していた。ただし、企業から飛び出せる状況ではなく、結果として日本から iPhone は生まれず、今のような低迷する状況に陥ってしまった。

２０２５年の今、当時の iPhone の前夜の時に動けなかった日本のハイテク産業と現在の食領域とで大きく違うのは、**パッションを持つ「人財」・「個」が生まれ出し、つながり始め**

ているということだ。私たちが主催している「SKS JAPAN」では、志とユニークなアイデア、技術力も併せ持つ「個」が集まり、「群」としてつながってきている。Smart Kitchen Summitを2015年に立ち上げた、The Spoonのマイケル・ウルフ（Michael Wolf）氏は筆者らの長年のパートナーであるが、SKS JAPANに参加してこう言った。

「日本には（アメリカにはない）企業や産業を超えたコミュニティのパワーがある。これが日本の強みだ」と。SKS JAPAN含め数多くのイベントを主催したり、企業やスタートアップ含めたさまざまな人と議論したりしていくなかで強く感じるのが、〝**本気の人たちのつながりの強さ・大切さ**〟である。誰か個人が突き抜けて何かをやるというよりも、こういうプレイヤーたちが同じ一つの目標のもと動き出した時に、どのようなパワーとなって突き抜けていくのかを想像すると、iPhoneを超えるようなイノベーションが生まれてきてもおかしくないと感じる。

日本の強みを駆動させていくべき今このタイミングで、食を新たな産業として昇華していくために必要なポイントは何か。

私たちは次の8つであると考えている。

1. 日本の食に関する強みを深く理解し可視化すること
2. 日本の強みをunlockし価値創造につなげる仕組みの構築
3. 共創が当たり前となるしくみと環境づくり
4. パッションを持ち、やり切れる人財の既存組織からの解放
5. パッションを持ち、やり切れる人財を生み出し、進化させること
6. 食が持つ多元的価値の定義とそれを評価する指標の策定
7. 人間理解を3段階ほど高めること（企業サイドも個人も）
8. 群としての羅針盤（ビジョン）をつくる

◆日本の食に関する強みを深く理解し可視化すること

先述した日本の強みであるが、日本企業自身が認識していないことも多い。日本では当たり前すぎて、それが強みであると実感することができないのだ。こうした強みは、世界の動きに触れ続けることで初めて見えてくる。

第4章でも見た通り、Beans is Howという取り組みは、大豆食文化が新しい潮流になっ

ていることを知る好事例だ。前述の海藻食文化も同様だ。日本では昔から当たり前にある食習慣が、世界で先端事例として取り上げられているのだ。自国の強みであった領域なのに、いつの間にか海外でムーブメントをつくられ、後追いになるのだ。

これはひとえに、世界を見ていないということに尽きる。もっともっと世界に出ていくべきである。先駆者はいる。ただし、多くは国内のビジネスで成り立ってしまっている（と錯覚している）。国全体で見ると、食料自給率の問題や、先述の消えていく日本の強みなどのように、日本の食は静かに崩壊していっている。まさに茹でガエルの状態である。

日本のプレイヤーには、展示会でもいいし、海外のウェビナーを聞くのでもいいし、とにかく世界に足を運んでアンテナを張ってほしい。そして何が起きているのかを自ら体感してほしい、世界の取り組みを見てほしい。学んだこと気づいたことを社内や業界にシェアしていく、そうするとムーブメントを後追いするのではなく、先行してムーブメントを起こせるかもしれない。

前述の通り、米国ではホールフーズ・マーケットやウォール・ストリート・ジャーナルといった民間企業やメディアが世界に向けて食のトレンドを発信しているが、日本企業からもそうした発信を英語でしていくべきである。私たちは世界中を駆け巡り、さまざまなプレーヤーと直接話すことで、日本が持つ強みを客観的に理解・体感している。私たち自身も、さまざまなステークホルダーと共にもっと日本の食の強みの発信・可視化をする活動を増やしていきたい。

◆「可視化するだけじゃ足りない！」——日本の強みをUnlockし価値創造につなげる仕組みの構築

実は可視化だけでは足りない。可視化した強みを通じて、日本に対価（リターン）が入るような価値創造の仕組みが必要だ。

例えば、これまでは、海外で日本の技術や技を活用するには、日本企業や料理人らがその国に出ていくことが多かったが、ある程度経つとノウハウは相手国に継承される。あるいは日本の技術とブランドだけ取られて、日本ブランドは認知されるものの、ビジネスのリターンは現地プレイヤーにすべて落ち、日本には経済的価値が還元されないモデルが多かったように思う。短期的なビジネスにはなるが、中長期ではスキルトランスファーが起こるのだ。

むしろ、海外から日本にきて商品開発を行えるR＆D施設兼テクノロジーセンターを日本に作り、日本の技術や技をもっと積極的に公開してライセンスやブランドの対価を得られる仕組みの構築が必要だ。まさに第4章のBで述べた、ZEROCOのようなモデルや、ライセンスフィーが落ちるモデルを先に作ってしまうことである。日本の食の強みの理解・可視化・ブランド化は極めて重要ではあるが、その日本の強みを対価として受け取れる価値創造スキームをつくることは、産業を超えた我が国の喫緊の課題である。

◆共創が当たり前になる仕組みと環境づくり

つくりたい未来は現状の延長線にないものが多い。既存の食のバリューチェーンにおける分業型の産業構造を超えて、各社が有しているアセット(資産、財産)やケイパビリティ(能力、可能性)をつなぎ合わせることで、新しい商流と物流を創ることが重要だ(バリューネットワークやエコシステムと呼ぶことが多い)。

最近、食領域の活動に不動産、電力会社、ガス会社、通信会社、金融機関など、従来とは異なるプレイヤーが参入してきていることは、さらに新しいエコシステムが生まれてくる可能性を示しているし、今までにない事業開発モデルや、顧客接点をこうしたプレーヤーと構築できればフードイノベーションを一気に加速できる。こうしたエコシステムの創造には、何かしらのドライブ力のある母体が必要である。複数企業・団体が集まり群でプロジェクトを組成して、動いていける**「マルチステークホルダー型共創組織」**の存在がカギを握る。

第４章で見た通り、アメリカや欧州ではそのような組織が生まれているが、日本においても、いくつか立ち上がりつつある。２０２４年11月に Beyond Next Ventures、ＭＵＦＧ（三菱ＵＦＪ銀行）、UnlocX らで立ち上げたのは、企業とスタートアップの共創を促進する「一般社団法人 Next Prime Food」だ。また、東京科学大学を中心に、UnlocX および The Spoon と共に立ち上げている「Digital Food Platform 構想（２０２５年1月現在）」は、産業横断で解決すべき食のデジタル・ＡＩ化の課題について議論する場である。「一般社団法人 SpaceFood Sphere」は、災害に強い食のバリューチェーン構築をテーマにしているが、企業内では立ち上げ・推進がしづらいプロジェクトを、複数企業と共に立ち上げることにより、持続的に取り組みを行う共創型組織を目指している。

三井不動産が２０２４年3月に立ち上げた &mog は、日本橋の街のアセット（レストランや商業施設など）を活用して、食品開発を支援するフードイノベーションプラットフォームである。運営にはコンサルティング会社、食品素材メーカー、飲食店、マーケティング会社などが参画し、食品開発期間及び社会実装にかかる期間の短期化を実現しようとしている。

こうしたマルチステークホルダー型共創組織は、日本では立ち上がったばかりではあるが、世界では成功事例が出てきており、日本にもなくてはならないものである。

◆パッションを持ち、やり切れる人財の既存組織からの解放

日本の人財の多くは大手企業を含めた企業に属している。特に、日本の大企業はパッションがある人財をロックインしがちなのだ。サイロになった組織構造、仕掛けた本人がいなくなってしまう人事異動、意思決定の遅さ、リスクに対応し切れない硬直したコーポレート体制など、大企業は巨大な戦艦で機動的に方向転換できない。

高倉&Companyの高倉千春さんは著書『人事変革ストーリー』(光文社新書)のなかで、個と組織の共進化について述べている。ロックインされている人財を外に出していくには本当の〝出島組織〟が必要だ。

これは、企業内の出島組織のことではない。企業内の出島組織は、所属企業の業績・トップの意向により短期間で潰されてしまうことが多い。私たちもそういう悲しい事例をこの10年ほどいくつも見てきた。これから求められるのは、前述のマルチステークホルダー型共創組織のように、複数企業が集いコミットして行動に移す組織であり(人事異動などの影響も受けづらい)、企業や産業を超えて目指す姿を掲げて大胆なアクションを仕掛けられる場で

SKS JAPANに集うイノベーター・チェンジメーカー（SKS JAPAN 2024より）

ある。

私たちが主催するSKS JAPANは単なるカンファレンスではなく、このようにパッションを持ち本気の方々が1000人超集う場である（写真参照）。本気の人たちが集まった時のパワーは本当に凄まじい。SKS JAPAN 2024は、月並みな表現であるが〝**とてつもない圧倒的な熱量**〟の渦が巻き起こった。そして、こうした人財はつながり始め、共進化をしていくのである。

◆パッションを持ち、やり切れる人財を生み出し、進化させること

パッションある本気の人財を、既存の組織から解放することと同時に取り組むべきは、やり切る人財を生み出し進化させることだ。

そもそも、日本にはパッションを持ち挑戦していく人財が圧倒的に少ない。食の領域におけるスタートアップの数を見ても、8年前からだいぶ増えてきているとはいえ、まだ非常に少ない状況である。

先述のスペインは、実は食のスタートアップ数が世界第5位なのである（1位は米国、2位はイギリス、3位はイスラエル、4位はフランス）。フードテックカントリーになることを標榜しているスペインは、本気で起業し挑戦するためのエコシステムを構築している。日本にも、食の領域で起業したいという人財を発掘し、挑戦するための仕組みが必要だ。

2024年のSKS JAPANでは、これまでと違う大きな変化があった。ボランティアを含めて学生が40名超参加したのである。中には高校生もおり、壇上に上がって自分のやりたいことをスピーチするなど、「この国に食を志す人財が増えている」ことを感じた。大切なのは、そうした人財が、食のビジネスに取り組む環境・仕組みを作ることである。

UnlocXとバリュークリエイト社は、フードテックスタートアップスタジオGROWNOVAを共に立ち上げようとしている。これは、起業家をスタジオが雇用し、必要な原資やアドバイザーを最初から用意することにより、単独で起業し全てを自分でやるよりも高速に事業を立ち上げられるモデルである。GSSN（Global Startup Studio Network）の報告書によれば、スタートアップスタジオ所属のスタートアップは、通常のスタートアップに比べ、約半分の期間でシリーズAの資金調達ステージに到達するという。

もう一つ重要な取り組みは、起業家以外のイノベーター人財も含めて、視座を高め、視野を広げ、そしてやり切るための力をどう身につけさせるかということだ。食は身近であり、とっつきやすいが、その分目先のわかりやすいニーズや、人間の欲望をひたすら満たすようなサービスに終始したり、できることだけに留まり小さく終わる取り組みも多い（それはそれで否定はしないが、そのような取り組みだけが蔓延すると、つくりたい未来づくりや、新産業化に到達しないと考えている）。

UnlocXが一般社団法人デサイロと仕掛けるFoodScopesというプログラムは、人文・社会科学の研究者と共に、食の根本価値を「食の価値循環」を探求する集中型プログラムである（図6－1／6－2）。哲学、倫理学、美学、宗教学、人類学、歴史学、文学などの「人文学」と呼ばれる分野は、人間あるいは人々が織りなす社会のあり方を根源的に問い直し、政治学、経済学、経営学、社会学といった「社会科学」と呼ばれる分野は、人間を取り巻く社会システムの構造や成り立ちを分析し続けてきた。こうした人文・社会科学の知を横断的・多角的に参照することで、既存の食の価値循環のあり方を根源的に問い直し、未来の食のあ

図 6-1　FoodScopes

図 6-2　FoodScopes の講師陣
（第１回目：2025年１～３月開催）

り方を考えるのである。

戦後、貧しく、空腹に苦しみ、食の安全性に課題があった時代は、とにかく、安くて、おいしくて、安全で、便利な食べ物が求められた。人々がより多く稼ぎ、経済的に豊かになれば世の中の幸福度も高まった時代であった。しかし、今は経済的に豊かになっても人々の心は満たされず、社会が分断し、不安定化していく時代になっている。

目先のことだけでなく、本当に長い目線で、社会や人間がどう変わっていくのかということを考え、業界を超えて業際・学際型アプローチで、イノベーションを起こすことができる人財が必要だ。解放された人財が成長し続けるために、どのようなインフラが必要なのか。

もちろんFoodScopesだけで十分なわけではない。パッションを持ち、本気で取り組み、視座を切り替え、圧倒的に広い視野を持ち、最後までやり切るビジネスパーソン、リーダーを生み出し続ける仕組みが求められている。

◆食が持つ多元的価値の定義とそれを評価する指標の策定

２０２４年11月、カリフォルニアでフードテック領域の起業家でありポッドキャスターであるAdam Yee（アダム・イー）氏と対話をしていた時、彼はこんなことを言っていた。

「アメリカは食でもなんでもおカネが最優先されるんだ。とにかくカネ、カネ、カネなんだ」

米国という国は、最先端テクノロジーが社会実装されている国だ。前述した通り、サンフランシスコでは無人自動運転のタクシー（ウェイモ）も走っている。研究や共創の座組も本当にたくさんある。

その一方で、強烈な違和感も覚える。とにかく外食の食事代が高い、そして量が多い。大量の食を捨てながら、食品ロスを削減するイノベーションが進む。食べ過ぎが常態化し、肥満になるが、食べる量を減らすのではなく、「食欲を減らす」というGLP-1受容体作動薬が広がる。そしてその副作用を抑えるためにパーソナルサービスやサプリメントの市場が生まれる。食費をはじめとする生活費はますます高くなり、低所得者層の生活を圧迫し、貧富の差を助長し、それらは治安の悪化の要因の1つにもなっている。

つまりアメリカは最先端のイノベーションを生み出しているが、一方で課題も自ら生み出しているのである。究極のマッチポンプ国家とも言える。

このような状況を見ると、素朴な疑問として、なぜ提供する食事の量を減らし、金額を下げることができないのかと思う。そうするとかなりの数の人が救われると頭ではわかる。

が、それはそんなに簡単ではないことは百も承知だ。KPI（重要業績評価指標）が売上・利益になっているし、そこを外しては資本主義社会では生き残れない。

経済価値の追求は、戦後の高度経済成長期には社会の幸福と重なっていた。しかしながら米国では、食の業界の売上・利益の追求、つまり経済価値の最大化が社会にも個人の健康にも悪影響を与えている、と言えなくもない。食に関しては、もっと多元的な指標を持って評価する必要があるのだ。

筆者たちは、「食の多様な価値」という考え方を2017年から訴えてきた。人をつなげる食、自己実現の食、人の心の豊かさを高める食、自己承認としての食、自己成長としての食、文化としての食など、食は本当にこの地球の営み、人類の営みそのものであり、経済的価値だけで測ることはできない。

が、今は食が「ビジネス」として、いかに金儲けを最大化するかということが最優先になりすぎている。この潮流は本当に危険だ。今こそ、産業人の本分に徹し、食に関わる産業人が目指すべき方向性を示さなければならない。

その時にカギを握るのは、食の多元的な価値を定義し、それを指標化し評価していくことだ。SKS JAPANやFoodScopesもそうだが、雑誌『WIRED』日本版とも2020年か

図6-3　私たちの目指すものとインパクト指標

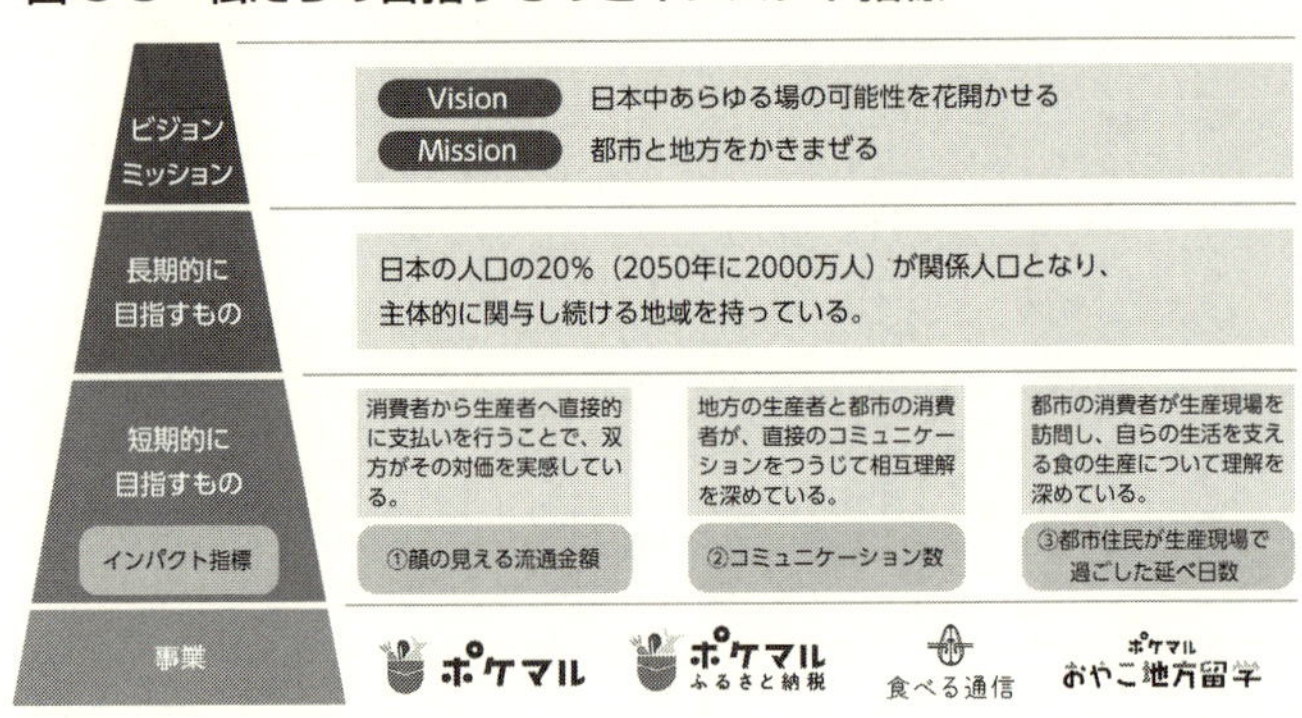

ら「フードイノベーションの未来像」というウェビナーで食の多様化な価値について議論してきている。現在は「Tokyo Regenerative Food Lab」というポッドキャストで、都市におけるリジェネラティブな食づくりという切り口で、食の多元的価値を探求している。

その指標化と評価については、２０２４年に株式会社雨風太陽が非常に面白い指標を発表し注目を集めた。経済的財務諸表と社会的財務諸表である（図表6－3～5参照）。

雨風太陽は「複数の領域で都市と地方をかきまぜ、あいだをつなぐ『関係人口』を生み出」すために、産直品を購入できるアプリのサービスなどを手掛けている。同社は社会インパクトが圧倒的に大きい取り組みを行っているが、事業モデルがスケールしにくいモデルであるため、一般的な経済価値中心の財務諸表では

図 6-4　インパクト共創室関与領域における活動のイメージ

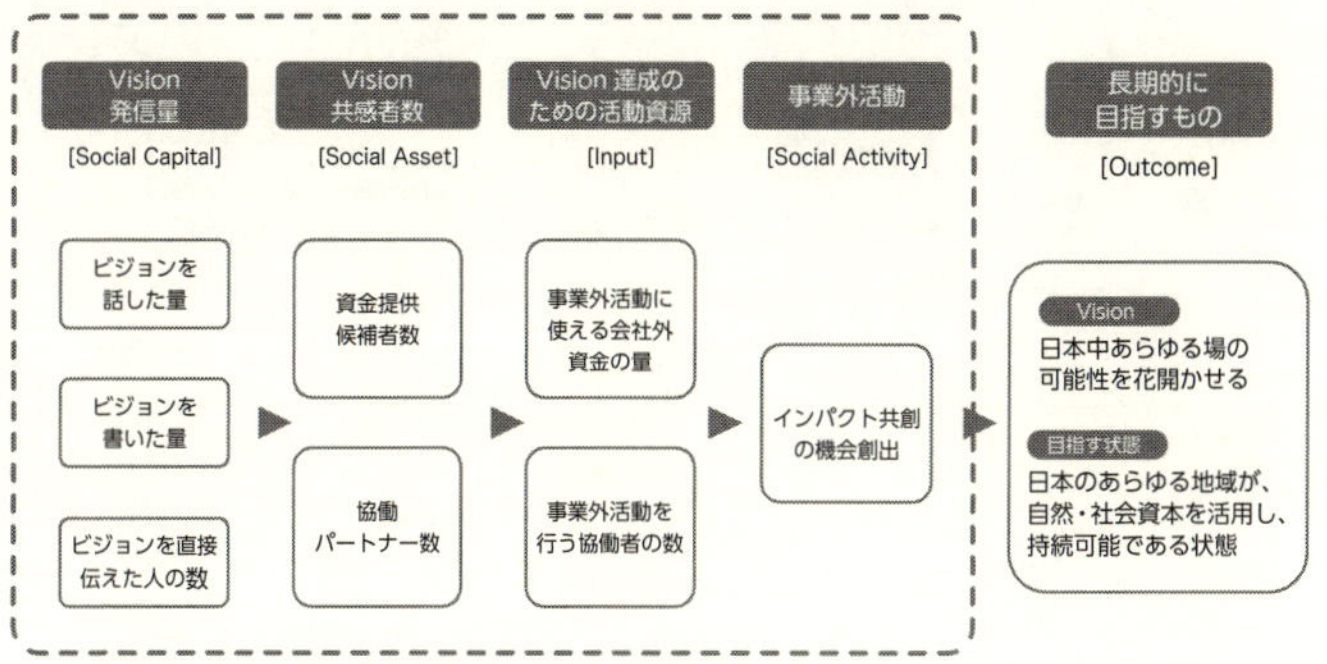

なかなか評価がされにくい。そこで同社は、社会インパクトを指標化して、自ら評価をするというフレームを発信したのだ。

例えば、同社では事業外活動により蓄積した、ソーシャルキャピタル・ソーシャルアセットが事業にも正の影響を与えてきた、という事実から、社会的な活動も計測、管理し、公開している。こちらで追うべき指標としては、ソーシャルキャピタル（Vision 発信量）、ソーシャルアセット（Vision 共感者数）、インプット（Vision 達成のための活動資源）、ソーシャルアクティビティ（事業外活動）というものだ（図6－4）。また、事業活動に関してもインパクト指標を定め、①生産者と消費者との「顔の見える取引」にかかる流通金額、②生産者と消費者のコミュニケーション数、③都市住民が生産現場で過ごした延べ日数というものを掲げて

図 6-5　これからの社会的及び経済的な財務諸表の考え方

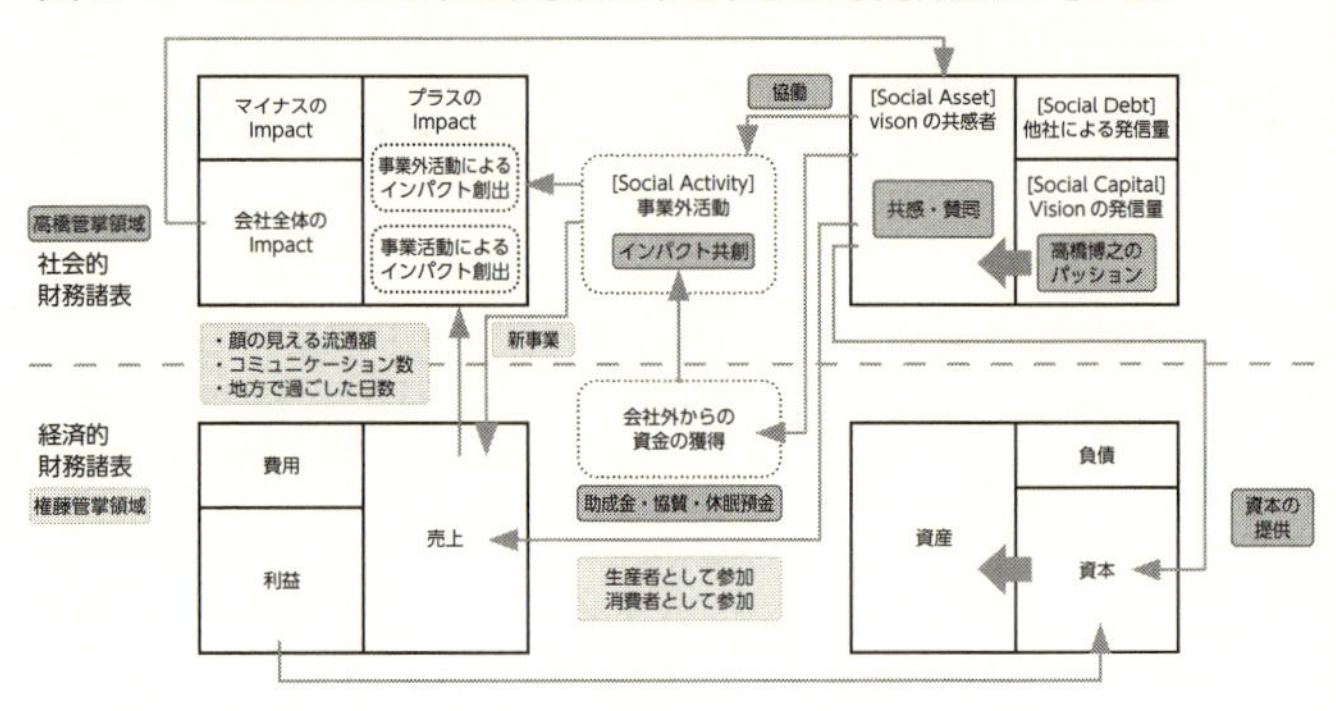

いる。これは関係人口の創出というインパクトを目指しているとのことだ。こうした取り組みに携わる企業は今後も増えてくると思うし、増えるべきである。ぜひ、産業全体でもこのような指標を扱うことがスタンダードであるという動きが、広まるべきであるし、こうした取り組みを私たちとしても形にしていきたい。

◆人間理解を3段階ほど高めること（企業サイドも個人も）

第１章でも取り上げたＣＥＳ２０２５で見えてきたのは、ＡＩ全盛時代におけるヒューマンセントリックの動きであった。人間の心身の状態が客観的にリアルタイムに可視化される。ＡＩ家電が日常の雑務を代行してくれる。そんな時代に人間は何をするのか、人間の存在意義や役割は何かを考えようというのが２０２

5年1月時点の重点テーマの一つであった。

では、そもそも我々は人間をどこまで理解しているのだろうか。全ての状態が可視化され、雑務をマシンがこなしてくれる時代、人間はいきなり何らかの形で覚醒するのだろうか。そもそも私たち自身は、自分がやりたいことを本当に理解しているのか?

実は、CESを通じて改めて感じたのだが、世の中は課題解決、ペイン（顧客がお金をかけても解決したいと思える根強い負の状況）の解消を行うプロダクトが多い。マイナスをゼロにするものである。

では、ゼロになった時に人間は何をやりたいのか、その答えを考えることが重要である。第2章で、リジェネラティブ（regenerative）という潮流は、歴史を辿るとルネサンスに行き着くことを述べた。まさに、人間の存在価値の再発見、人間理解をもう一段先に進めるタイミングに来ているのだ。私たちは、食の多様な価値というレンズを通して、人間の本質的な役割ややりたいことを考えていけるのではないか。

◆群としての羅針盤（ビジョン）をつくる

世界のイノベーションの動向やエコシステムの構築モデルをつぶさに見ていくと、アメリカのように個の力を最大限引き出して、変革者および成功者を数多く生み出し、その成功者が財団などの設立を通じて国家に影響を与えるような取り組みを行っていくモデルもあれば、欧州のように国や欧州委員会、そして大手企業や大学が関わりながら、国家レベルでの戦略を打ち出し、〝仕組み〟で社会変革を起こしていくモデルもある。あるいは、中国やシンガポールのように強い国家が主導して、半ば強制的にイノベーションを推し進める国もある。

ここで、どのモデルが良いかということについて語るつもりはないが、各国・地域に共通しているのは、国家レベルあるいは国・世界の目線で戦略を考えているプレイヤーがいることである。

日本には技術・技・文化もある、人財も（さらなる進化は必要で、数もまだ少ないが）存在する。今後、ここまで上げた7つの取り組みが駆動してくれれば、6合目ぐらいまでいくかもしれない。しかし、10合目を超え、食のイノベーションといえば日本という評価を得て、そしてつくりたい食の未来をつくるためには、既存の組織・産業・国籍を超えたビジョン・羅針盤をつくることが重要である。それこそが、この7つの取り組みに魂を与え、そして日本という国が、1つの産業体として駆動していくのである。

とはいえ、いきなり食をスペインやイタリアのような形で新産業創造のコアとしての国家戦略にすることはそこそこハードルが高い（その動きは進みつつあるものの……）。大切なのは、それぞれの立場にいるイノベーター、チェンジメーカーの方々（なりたいと思っている方々含む）が、今、所属する組織・チームではなく、全社やその上の産業、もっと言うと産業を超えた「国や自治体」目線で、具体的に何ができるのかということを考えることだと思う。一企業の一チームが、あるいは個人レベルが、この国の食産業を変える、未来をつくることを考えるというのは、一見すると遠いことのように感じるだろうが、つくりたい未来や社会を〝想い〟、構想する権利は誰にでもある、と思うことが重要だ。

そして、それができると思えるには、そのビジョンを多くの人と一緒につくることがカギとなる。さまざまなステークホルダーに共感してもらえるビジョンを掲げて、それがあるタイミングで群としての羅針盤（ビジョン）になると考えている。現在構築されつつある共創型組織が、きっとその駆動エンジンになっていくだろう。その結果として、産業を超え国を超えたステークホルダーが集まって共に動き、やがて日本が掲げるべき国家戦略の姿が見えてくるだろう。

＊　＊　＊

日本発の食の未来を共創するために、何が必要なのかということを考えてきたが、いかがだっただろうか。

ものすごく共感する方、わかるけど不安な方、今ひとつピンと来ない方などそれぞれいらっしゃると思うし、それでいいと思う。この本を手に取ってくださった方は、少しでも食の未来をつくっていきたいという方だと信じて言うと、まずは今感じていることを誰かと話し、議論してほしい。わからないこと、モヤモヤしていることも共有してほしい。その上で、今後何をしていくべきかということが見えてくると思う。

◆最後に～IMAGINE, BELIEVE, ACT

私たちが、2019年から参加しているグーグル・フード・ラボ（食産業の未来について話し合う、招待制のコミュニティ）の創設者であるマイケル・バッカー氏（現在はカリナリー・インスティチュート・オブ・アメリカのプレジデント）は、壮大な食のシステム課題を解決するために、常に3つの言葉を述べていた。「まずはつくりたい未来をIMAGINE（想像）しよう、そしてそれをBELIEVE（信じる）しよう、そしてACT（行動）しよう」。つくりたい未来をつくることは簡単ではないが、解像度高く想像できれば、それだけ信じることができる。自分が信じた行動は「できる気に満ち溢れた」行動につながる。

そして、このフレームで大切なのは、〝一緒に〟想像する仲間を見つけることがスタートポイントとなることである。**一緒に想像する**と、**結果一緒にその未来を信じることができる。**そして、結果として一緒に行動することにつながる。つまり、まず一緒に未来を想像することが、スタートになるのだ。

本書では、つくりたい食の未来のシナリオを7つ提示している。つまりそれは、食の未来は決して1つなわけではなく、複数のシナリオが存在することを意味する。未来像が複数存在するということは、『WIRED』日本版が「FUTURES LITERACY（フューチャーズ・リテラシー）」といった形でも提唱している。さまざまな立場、さまざまな業種から見える万華鏡のように多様な複数形の未来を解像度高く示すことによって、**この書籍を、一緒に未来を想像するためのツールとし、共感する部分を考え、行動できる仲間を探してほしいと思**

っている。

第3章で描いた未来シナリオが、さまざまな企業や団体で昇華し、「創造性」と「多元性」を最大限発揮して、日本がワクワクする食の未来をどんどん世界に提示できる日がくることを目指して、この本を読まれた方々と、行動していけることを楽しみにしています。

IMAGINE, BELIEVE, ACT TOGETHER

さあ、一緒に、食の未来をつくっていきましょう！

「フードテック」という言葉は絶妙なニュアンスの言葉である。「フード」も「テクノロジー」も過去から存在する言葉であるにもかかわらず、「フードテック」という言葉に置き換わるだけで、これまで守り続けてきた大切なことがなくなってしまうかのような錯覚にさえ陥るほどだ。

私たちは、これまで「アナログ」として行動していたことが、どんどん「デジタル」に置き換えられていくことを経験している。携帯電話で外にいながら連絡が取れること、地図やニュースなどの情報が得られることは革命的だったし、SNSによって友人や見知らぬ人を含めて常に常時接続で「日常」が伝えられ、自分にとっての日々のトップニュースは、テレビや新聞ではなく、スマートフォンで知る誰かのつぶやきとなった。

どこかに出かけることもデジタルの地図に導かれ、音楽を聞くことも、自分が選曲せずともストリーミングで流れてくる。コロナ禍においては、人と会うことすらデジタルに置き換わった。そして今、ＡＩによって、「正解」を「探す」必要すらなくなり、答えが自動生成される時代になっている。

こうしたテクノロジーの進化は、確実に人々の日常に入り込み、「変化」に気づくきっかけすらないほど自然に私たちの行動や思想を変えていく。ＳＮＳがいつの間にか分断を生み、他者が見えすぎることによって精神を病む人々が増えたり、一部の大きな声によって世相が変えられたり、無視できない力に変わる。もちろん民主主義という観点から、声をあげること自体は素晴らしいことだが、それが一部の企業や富豪、権力者によってドライブされているということ自体に危機感がある。世界の動きがすぐにこの日本国内にも伝播する。

同様のことが食のシーンで起こるとどうなるのか。食の世界でもそんなことは起こるのか？　テクノロジーのインパクトを知る私たちだからこそ、食領域でのテクノロジーの進化を真剣に考えたい。ビジネスを成功させるためだけのエコシステムではなく、目指したい未来を共に考えるところから共創して行きたい。なぜなら、目指したい未来は１つではなく、何通りもの未来があり、そしてそれはどんどん更新されて然るべきだから。

そんな壮大な思いで描き始めた本書だったが、実際に書籍に仕立て上げるには、非常に多くの思考の積み重ねと言語化と編集が必要になった。読みにくいところ、理解しづらいところも多々あったかもしれないが、お許しいただきたい。

執筆にあたり、多くの皆様からのご支援、ご協力をいただいた。まず、本書を出版しようと、このような壮大な企画を実現してくださり、なかなか原稿が書き上がらない中でも根気強く伴走してくださったＰＨＰ研究所西村健氏に、多大な感謝を申し上げたい。複雑なテーマにもかかわらず、文章化することに力を貸してくださった阿部久美子氏にも深く御礼申し上げる。

また、対談においては、東京科学大学教授大嶋洋一氏、『ＷＩＲＥＤ』日本版編集長の松島倫明氏、三菱ＵＦＪ銀行の小杉裕司氏、味の素株式会社の柏原正樹氏には、大変お忙しい中を集まって素晴らしい議論を展開していただいた。また、執筆にあたりさまざまなアドバイスをくださった瀬川明秀氏にも、深く御礼申し上げたい。さらに、弊社UnlocXのスタートアップスペシャリスト&ギークの住朋享（すみともみち）氏のインサイトがなければ執筆は成し遂げられなかった。また、UnlocXでインターンとして本執筆に力を貸してくれたオーモンド花氏にも感謝を伝えたい。上記以外にも多くの方々から応援、励ましをいただいたことに感謝を申し上げたい。

これを書いている間にも、テクノロジーは進み、未来は変わる。しかし、それを受動的に受け止めるだけではなく、未来を共に描き続けること。主体的に関わること。食の未来に関係ない人は誰もいないのだから、一人でも多くの方が、この食の未来を共創することに関われるような社会をつくっていくことに挑戦していきたいと思っている。

Shiru, Inc.（シル／アメリカ合衆国）
2019年設立。AIを活用しプロテインの探索を行う。探索コストを削減し、特に植物性代替プロテイン食品開発向けに、Shiru.comでスケールアップ（小規模での実験や試作ののち、大規模生産へ移行すること）可能なタンパク質ソリューションを提供している。創業者でCEOのジャスミン・ヒュームは、世界的なスタートアップインキュベーターであるYコンビネーター出身で、植物性卵食品開発や培養肉を手がけるイート・ジャストの食品化学者だった。

SideChef（サイドシェフ／アメリカ合衆国）
2013年設立。キッチンOSのリーディングカンパニー。ゲーム業界出身のケビン・ユー氏が、ある日料理を振る舞おうとして失敗した経験から、レシピ情報の曖昧さに疑問を抱くようになり創業に至る。AIを活用したレシピ生成、ステップバイステップでのレシピ案内、買い物リストの作成、パートナー企業を通じた食材の注文、スマートキッチン家電との連携など、食材の調達から調理までシームレスにつながった体験をユーザーに提供している。ゲーム業界での経験を活かし、料理をいかに楽しめるかに注力している。

「[巻末付録] 食の未来を拓くスタートアップ、団体、プロジェクト」は275ページから始まります。

San-J International
(サンジェイインターナショナル／アメリカ合衆国)

日本のサンジルシ醸造がアメリカにつくった現地法人。同社は1804年の醤油と味噌の醸造業の創業以来、8世代にわたり、最高品質の大豆から作られる本物のたまり醤油の醸造方法を守り続けている。1978年にアメリカに現地法人「SANJIRUSHI INTERNATIONAL」設立。1987年に、アメリカ法人の名称を「San-J International」に変更。8代目の佐藤隆氏は味の素勤務を経て、2001年に渡米。サンジェイのたまり醤油は米国の大手スーパーでも流通しており知名度が高い。発酵が世界で注目されているにもかかわらず、日本の発酵技術が英語で発信されていないことを危惧し、自ら工場見学を受け入れるなど、日本の発酵技術、発酵文化を米国で発信する活動を行っている。

SEERGRILLS (シアーグリルズ／イギリス)

2020年設立。AIを活用し、調理時間を大幅に短縮するグリル「Perfecta」を開発。AIエンジンが食材の種類や厚みを感知し、最適な焼き加減で調理をする。ステーキ3枚を1分45秒、ピザを2分50秒など、従来の調理時間と比較して大幅な時間短縮を実現。赤外線ヒーターと垂直調理方式により、短時間で均一な焼きめを提供する。ロティサリーモードやピザモードなども提供し、多様な料理に対応可能。

Sevvy (セヴィ／オランダ)

2017年設立。電気パルスを用いた画期的な調理技術を開発。従来の調理法に比べ、調理時間を大幅に短縮し、電力消費量を最大90%削減。低温調理により食材の旨みを引き出し、塩分や砂糖の使用量を50%減らせる。この技術は、調理機器へのライセンス供与が可能。特許、ノウハウ、技術ソリューション、レシピコンテンツなどを提供している。

ReD Associates（レッド・アソシエイツ／デンマーク）

2005年設立。デンマーク発の戦略コンサルティングファーム。人類学や哲学といった人文科学の知見をビジネスに融合し、革新的な戦略を生み出すことを得意としている。アディダスやサムスンなど、世界的な企業のイノベーションを支援しており、人文学を活用してビジネスチャンスを発掘することに強みを持っている。2018年に同社代表のクリスチャン・マスビアウが書いた『センスメイキング』（プレジデント社）が日本で刊行された。

Rem3dy Health（レメディ・ヘルス／イギリス）

2019年設立。ユーザーの健康状態やライフスタイルに合わせたパーソナライズドなグミ型ビタミンサプリメントを提供するヘルステック企業。3D フードプリンター技術を活用し、7層構造のグミを製造。ユーザーは簡単なアンケートに答えることで、各層に異なる栄養素が配合された、各自のニーズに最適化されたサプリをオーダーできる。2022年にサントリーホールディングスが出資。2023年に日本市場に参入している。

Samsung Food（サムスン・フード／韓国）

AI レシピ生成アルゴリズムを搭載した、イギリスのプラットフォーム「Whisk」を、2019年に Samsung Next が買収。サムスンが展開するファミリーハブモデルの冷蔵庫に搭載された。16万以上のレシピを備え、104カ国で利用可能。このアプリは、ユーザーの食の好みや健康状態に合わせて、パーソナライズされたレシピを提案したり、食事計画を作成することが可能。また、AI を活用したビジョンに基づく技術により、料理の写真を分析し、似たようなレシピを提案する機能も備えている。

ことを目指す。創業者のサラ・ロベルシ氏は、COP や FAO 関連のカンファレンスなど、世界各地でリジェネラティブなフードシステムへの変革について啓蒙活動を推進している。

January AI（ジャニュアリーエーアイ／アメリカ合衆国）
2017年設立。AI を活用し血糖値変動の予測や食事・運動などのアドバイスを提供。食事の写真を撮影し、栄養成分や血糖値への影響を即座に分析する。多くのサービスが血糖値センサーを装着した上でのサービスなのに対して、同社は AI による予測モデルに注力している。創設者のヌーシーン・ハシェミは、予防可能な病気のリスクを下げられるよう、AI を活用したツールの開発に尽力している。

KitchenTown（キッチンタウン／アメリカ合衆国）
2013年設立。フードテックスタートアップ向けに、食品製造施設やフードサイエンティストを配置して事業開発を支援する。これまで植物性食品、代替タンパク質、健康食品など、先進的なフードテックスタートアップを支援してきた。戦略策定から研究開発、プロトタイプ製作、スケールアップ生産、市場参入まで、幅広いサポートを提供し、食品スタートアップの成長を加速させる。

NotCo（ノット・カンパニー／チリ）
2015年設立。植物由来の肉や乳製品の代替品を製造することを目的とした AI アルゴリズムを開発。例えば、パイナップル、ココナッツ、キャベツ、エンドウ豆などを使用して動物性製品の味、食感、色、香りを再現する。大手食品メーカーのクラフト・ハインツと2022年にジョイントベンチャー「The Kraft Heinz Not Company」を立ち上げた。Food Tech スタートアップのユニコーン企業。アマゾン創業者のジェフ・ベゾスが支援していることでも知られている。

性代替プロテイン系食品を開発する食品メーカーに提供している。

Elo Health（エロヘルス／アメリカ合衆国）

2020年設立。ゲーム業界や携帯電話会社ノキア出身のアリ・チューラ氏が、家族の健康問題をきっかけに、食こそが健康に最も大切であると気づいて創業。一人ひとりの体に合ったサプリメントを提案するパーソナライズヘルスケア企業。Rem3dy Healthの3Dプリント技術を活用したグミの設計・生産技術を活用し、一人ひとりの健康目標や体質に合わせた栄養素を凝縮したサプリメントの開発と製造を行っている。同社が提供するグミは数百万通りの組み合わせから、ユーザーのライフスタイルや嗜好に合わせた最適な栄養バランスが設計されている。従来のサプリのように複数の錠剤を飲む必要はなく、おいしく手軽な栄養補給が可能に。

Foxtrot（フォックストロット／アメリカ合衆国）

2015年設立。シカゴ発、コンビニエンスストアにカフェ、ワインバー、コミュニティスペースを融合させた新しい小売業態を確立。地元の商品、ワイン、食料品のほか、フードテックスタートアップの商品を積極的に展開しており、シカゴのフードテックエコシステムの重要な位置付けとなっている。ワシントンD.C.、ダラス、オースティンに店舗を展開。2023年11月に、高級食料品店Dom's Kitchen & Marketと合併している。

Future Food Institute
（フューチャー・フード・インスティテュート／イタリア）

2014年設立。イタリアを拠点とし、「知識」「コミュニティ」「イノベーション」の3つの柱で、気候変動や食料問題などの世界の課題に対し、食を通じたイノベーションを加速させる

海外

Beans Is How（ビーンズ・イズ・ハウ／グローバル）

2021年設立。COP27（国連気候変動枠組条約第27回締約国会議）において発足。2028年までに世界の豆類（豆、えんどう豆、レンズ豆、豆科植物など）の消費量を倍増させることを目標とする。豆類を摂取することが、経済、健康、環境問題に対するシンプルかつ手頃な解決策であることを伝え、制作や学術研究を後押しし、この野心的な目標達成に向けたステークホルダーの行動を活性化させる。

Blendhub（ブレンドハブ／スペイン）

1997年設立。食品の粉末化技術をデジタルツイン化（現実世界の情報を、仮想空間で再現・分析すること）したフードテックスタートアップ。独シーメンスと協業し、シーメンスのインダストリー・メタバース技術を使って、粉末化技術をバーチャル化し、世界各地の工場で実装可能にした。各工場は食品の設計図は共有しつつも、それぞれがローカルの食材で食品を加工していく。創業者のヘンリック・クリステンセン氏の食の透明性を高めたいという思いと、シーメンスの世界の栄養アクセスを改善したい思いが重なり協業が実現した。スペイン・ガリシア州サン・ジネスに拠点を置く。

Brightseed（ブライトシード／アメリカ合衆国）

2017年設立。健康やウェルネスに臨床的に効果のある天然化合物を発見するAIプラットフォーム「Forager」を開発。植物界のダークマター（暗黒物質）を探求し、自然界に存在する強力な化合物を解明することで、慢性疾患のリスクの軽減や症状改善を可能にする。創業者たちは、自然界のソリューションで世界の健康課題に対処したいという強い思いからBrightseedを設立。大豆などの植物性栄養素の知見を植物

ベースフード

2016年設立。「主食をイノベーションし、健康をあたりまえに」をミッションに、完全栄養食の開発・製造・販売を行う。1日に必要な栄養素の3分の1を摂取できる「完全栄養食」として主食であるパン、パスタ、そしてクッキーなどの商品で展開している。海外の完全栄養食スタートアップがこれさえ食べればよいと食の効率性を追求するなか、ベースフードは１日３食の習慣は変えず、主食で栄養摂取をサポートすることを目指している。2020年には味の素と協業し、製品開発に磨きをかけた。2022年に日本のフードテックスタートアップとして初めて東証グロース市場に上場している。

和多屋別荘

1950年設立。佐賀県嬉野温泉にある２万坪の老舗の温泉旅館。３代目の小原嘉元氏は１度嬉野を出るもＵターンし、苦境下にあった温泉旅館業の立て直しを図る。1300年続く嬉野温泉、500年続く嬉野茶、400年続く肥前吉田焼という地方に眠る価値を、旅館というアセットを使って引き出すことから始め、嬉野の茶農家や肥前吉田焼家元と共に屋外で一杯のお茶を楽しむティーツーリズム「嬉野茶時」を、ディスカバー・ジャパンとともに立ち上げた。「泊まる旅館」を超えてリジェネラティブな地域の価値共創モデルの構築に取り組む。

ナカシマファーム

佐賀県嬉野（うれしの）市塩田町で三代にわたって酪農を営む。水田を活用し稲を発酵させて乳牛に与え、また乳牛の糞尿を堆肥化して水田に戻すという循環型酪農を実現している。これまで廃棄されていたホエイを使い、日本で初めてブラウンチーズを開発。2019年世界チーズコンテストで銅賞を獲得した。また、水を使わずミルクにコーヒー豆を浸して抽出する「MILKBREW（ミルクブリュー）」と呼ばれる、新しいコーヒーの飲み方を提唱している。

プランティオ

2015年設立。IoTやAI技術を活用し、都市部で効率的に、かつ仲間と楽しく野菜栽培を行うことを実現するシェア農園サービスを提供する企業。個人ごとの区画ではなく全員が共同で管理するコミュニティ農園という新しいスタイルを提案。都心の一等地で、誰もが楽しく「農的活動」に携われる社会を作ることにより、食糧生産への貢献を目指し、人々の食に対する意識改革を促している。

プランテックス

2014年設立。同社が開発した「Culture Machine」は、世界初の完全閉鎖型植物栽培装置。この装置は、栽培棚ごとに独立して密閉された構造になっており、内部の温度、湿度、光などを精密に制御することで、高品質な野菜や穀物などの植物を安定的に生産することを可能にする。創業メンバーは自動車産業のエンジニア。数百の論文から植物を最適に栽培する数式を導き出し、日本のモノづくりの技を入れ込んだ。特定の成分を高濃度に含む栽培に強みを持ち、食料の安定供給や栄養価の高い野菜、穀物の栽培が可能。

り、海外にもうにの食文化を伝えている。またUNI SUMMITを開催するなどして、磯焼けの課題解決について議論するコミュニティも立ち上げている。

ギフモ

2019年設立。パナソニックの社内アクセラレータープログラム「ゲームチェンジャーカタパルト」出身のスタートアップ。創業メンバーの家族が嚥下障害で家族と同じ食事が取れなくなった経験から、出来上がった料理を見た目そのままでやわらかくする調理家電（デリソフター）を開発。唐揚げが海苔でも切れるほど柔らかくなる。介護食向け調理家電というケア家電市場の創出を目指していた。AgeTech（加齢向けソリューションを実現するテクノロジー領域）の最先端だったが、2024年3月で同社は解散している。

コークッキング

2015年設立。食品ロス削減のためのフードシェアリングプラットフォーム「TABETE」をリリース。余剰食材を持つレストランやベーカリーと消費者をつなぎ、廃棄寸前の食品をタイムリーに低価格で提供する。同社のプラットフォームは、自治体単位で導入するケースも多く、食品ロス削減ソリューションとして注目を集めている。

シーベジタブル

2016年設立。日本近海での磯焼け問題を解決すべく、世界初の地下海水を使った青のり陸上栽培技術を開発。全国に海藻ファームを展開し、海藻の新たな食文化を創出している。さらに海面での栽培にも取り組み、海の生態系保全にも貢献。研究から生産、料理開発まで一貫して行い、「今まで流通してこなかった美味しい海藻」を届けている。海藻の食文化継承と新たな価値創造を目指す。

ム」を立ち上げた。

Tokyo Food Institute
（トウキョウ・フード・インスティテュート）

2021年設立。食に関する新規事業支援や人材育成を推進し、国内外のさまざまなプレイヤーの共創を生む食のエコシステムを構築することで、食の未来を東京から創るための活動を行う。東京建物の沢俊和氏が代表理事を務め、Future Food Institute がグローバルパートナーとなっている。多様な人々をつなぎ合わせることで生まれる新たな価値を街に実装していき、八重洲・日本橋・京橋エリア全体をリビングラボとして、リジェネラティブな食の未来をアップデートし続ける場を創る。

ZEROCO（ゼロコ）

2020年設立。食品の鮮度を長期間保つ革新的な技術を開発した日本の企業。「ZEROCO」は、雪下の環境（室温0度、湿度100％に近い状態）を安定的に保つことで、生鮮品も調理品も、長期間保存することを可能にする。国内外の食のサプライチェーンを変革することにより、日本の中食の輸出や食品ロス削減にも貢献していくことを目指している。

北三陸ファクトリー

2018年設立。海の磯焼けの課題に注目。海藻の敵であるうにが、磯焼けした結果痩（や）せ細り、食用としても使い物にならない状態になる悪循環を断ち切るべく、痩せ細ったうにを「うに牧場」で育てて高品質にして出荷している。痩せ細ったうにを駆除するだけではコストにとどまるが、人間がうにを食べる文化を世界に広げることによってオーストラリアなど世界中の磯焼けを解決するというアプローチをとっている。うにバターや豆乳うにフランなど、斬新な商品開発も行っておを務める、持続可能な海の実現を目指し、トップシェフなどが集結した料理人チーム。NGO や研究機関、政府機関などとの連携のもと、自治体や企業と共同でプロジェクトを推進。イベントを通じて、消費者や業界関係者に対して、海の現状や持続可能な漁業の重要性を啓発している。

NINZIA（ニンジャ）

2016年設立。介護向けの医療雑貨を手掛けていた株式会社Sydecas が、こんにゃくの持つ可能性に着目し、食の分野へ参入。こんにゃくの優れた特性を生かし、ナッツバーや唐揚げ、ワッフルなど、砂糖不使用、グルテンフリー、低糖質でありながら、食物繊維が豊富で、楽しい食体験を提供する食品を開発している。

SUNDRED（サンドレッド）

2019年設立。「100個の新産業を共創」を目指す新産業のインキュベーター・アクセラレーター。社会起点で「実現すべき未来」をデザインし、多様なセクターと共創。エコシステムを構築し、新しい事業・産業を創出する。インタープレナーと呼ばれる目的志向の社会人をエンパワーメントし、新産業競争をドライブする。社会起点の目的を共創し、それを実現するための新しいエコシステムを創り出している。

TechMagic（テックマジック）

2018年設立。飲食店の厨房における調理工程の自動化や食品工場での単純作業の自動化を担う調理ロボットを開発。飲食業界の人手不足解消と生産性向上に貢献。大阪王将やPRONTO など、大手飲食チェーンへの導入実績も豊富。2024年には食品工場における非競争領域の共通課題をロボットで解決し、持続可能な食インフラを構築することを目指して、複数の食品メーカーと「未来型食品工場コンソーシア

[巻末付録]

食の未来を拓くスタートアップ、団体、プロジェクト

（日本編はアルファベット順·五十音順、海外編はアルファベット順です）

日本

&mog（アンドモグ）

三井不動産が日本橋・八重洲エリアを拠点に、食のイノベーション創出を推進する取り組みとして2024年に発足。三井不動産の持つ国内外の商業施設などのハードウェアと、レシピ監修や商品プロモーションといったソフトウェアの両面から、食の事業開発をワンストップで支援する。アイデア創出から社会実装まで、幅広いフェーズにおいて企業をサポート。また、国際カンファレンスやミートアップ（共通の目的で集まる会合）など、多様なイベントを開催し、食に関わるプレーヤー間の連携を促進することで、新たなビジネスモデルの創出を後押ししている。

ASTRA FOOD PLAN（アストラフードプラン）

2020年設立。独自の「過熱蒸煎機」を用いて、食品の乾燥・殺菌を行い、食品ロス削減に貢献するフードテック企業。食べられるのに捨てられてしまう食材をパウダー化し、新たな食品素材として活用することで、食料問題の解決を目指している。2023年、大手外食チェーン吉野家とベーカリー企業ポンパドウルと共同で、吉野家の玉ねぎの端材を使ったオニオンブレッドを開発。日本にアップサイクル食品を広めるべく事業を展開している。

Chefs for the Blue（シェフス・フォー・ザ・ブルー）

2018年設立。フードジャーナリストの佐々木ひろこ氏が代表

吉江 俊（2024）『〈迂回する経済〉の都市論』学芸出版社
マスビアウ ,C.　斎藤栄一郎訳（2018）『センスメイキング』プレジデント社（原書：Madsbjerg, C.（2017）Sensemaking: The power of the humanities in the age of the algorithm. Hachette Books.）
塩野七生（2001）『ルネサンスとは何であったのか』新潮社
高倉千春（2023）『人事変革ストーリー』光文社
Christian Madsbjerg, Mikkel B. Rasmussen, *The Moment of Clarity: Using the Human Sciences to Solve Your Toughest Business Problems*（Harvard Business Review Press）2014
『WIRED』日本版（2024）Vol.54「The Regenerative City 未来の都市は、何を再生するのか」
『WIRED』日本版（2023）Vol.49「THE REGENERATIVE COMPANY 未来をつくる会社」
『WIRED』日本版（2021）Vol.41「NEW NEIGHBORHOOD 都市の未来とネイバーフッド」
『WIRED』日本版（2021）Vol.40「FOOD :re-generative 地球のためのガストロノミー」
Disrupting the Venture Landscape, GSSN 2020

［参考文献］

Good Food Institute (2023). State of the Industry Report: Plant-based meat, seafood, eggs, and dairy

New York Times (2023.6.14). New Obesity Drugs Come With a Side Effect of Shaming
https://www.nytimes.com/2023/06/14/health/obesity-drugs-wegovy-ozempic.html

Morgan Stanley GLP-1：推論の重み
https://www.morganstanley.com/im/ja-jp/japanese-investor/insights/flash-report/glp1-the-weight-of-speculation.html

https://xtrend.nikkei.com/atcl/contents/18/00575/00009/

https://park.ajinomoto.co.jp/special/livewell/orenari/talk01

https://www.bloomberg.co.jp/news/articles/2024-05-10/SD9VTYDWRGG00

Hawken, P. (2021). Regeneration: Ending the climate crisis in one generation. Penguin Books.（ポール・ホーケン『リジェネレーション』）

石川伸一・石川繭子（2024）『クック・トゥ・ザ・フューチャー』グラフィック社

石川伸一監修（2021）『「食」の未来で何が起きているのか』青春出版社

窪田新之助・山口亮子（2023）『人口減少時代の農業と食』筑摩書房

石川伸一（2019）『「食べること」の進化史』光文社

木村純子・陣内秀信編著（2022）『イタリアのテリトーリオ戦略』白桃書房

中島直人・一般社団法人アーバニスト（2021）『アーバニスト』筑摩書房

藤原辰史（2020）『縁食論』ミシマ社

田中宏隆［たなか・ひろたか］

UnlocX（アンロックス）代表取締役 CEO/SKS JAPAN Founder
パナソニックを経て、McKinsey & Companyにてハイテク・通信業界を中心に８年間に渡り、成長戦略立案・実行、M&A、新事業開発、ベンチャー協業などに従事。2017年シグマクシスに参画しグローバルフードテックサミット「SKS JAPAN」を立ち上げ。食に関わる事業開発伴走、コミュニティづくりに取り組む中で、食のエコシステムづくりを目指し2023年10月株式会社UnlocX創設。
共著書に『フードテック革命』（田中宏隆・岡田亜希子・瀬川明秀著 外村仁監修 日経BP/2020年）。
一般社団法人SPACE FOODSPHERE理事／ベースフード株式会社 社外取締役／ TechMagic株式会社 社外取締役／一般社団法人Next Prime Food代表理事

岡田亜希子［おかだ・あきこ］

UnlocX Insight Specialist
フードテックを社会実装していくためのインサイト構築に取り組む。ビジネス戦略の視点、テクノロジーの視点、人文知や哲学の視点を重ね合わせ、人類の未来にとって意義のあるフードテックの本質探究に挑む。McKinsey & Companyにて10年間リサーチスペシャリストとして従事。2017年シグマクシスに参画し、グローバルフードテックサミット「SKS JAPAN」を創設に携わる。2024年より現職。フードイノベーション関連のインサイト構築・発信に従事。
共著書に『フードテック革命』（日経 BP/2020年）。

編集協力：阿部久美子

PHP INTERFACE
https://www.php.co.jp/

フードテックで変わる食の未来

（PHP新書 1427）

二〇二五年三月二十八日　第一版第一刷

著者――田中宏隆・岡田亜希子
発行者――永田貴之
発行所――株式会社ＰＨＰ研究所
東京本部――〒135-8137 江東区豊洲5-6-52
ビジネス・教養出版部 ☎03-3520-9615(編集)
普及部 ☎03-3520-9630(販売)
京都本部――〒601-8411 京都市南区西九条北ノ内町11
組版――株式会社ＰＨＰエディターズ・グループ
装幀者――芦澤泰偉＋明石すみれ
印刷所
製本所――ＴＯＰＰＡＮクロレ株式会社

ISBN978-4-569-85779-4

PHP新書刊行にあたって

「繁栄を通じて平和と幸福を」(PEACE and HAPPINESS through PROSPERITY)の願いのもと、PHP研究所が創設されて今年で五十周年を迎えます。その歩みは、日本人が先の戦争を乗り越え、並々ならぬ努力を続けて、今日の繁栄を築き上げてきた軌跡に重なります。

しかし、平和で豊かな生活を手にした現在、多くの日本人は、自分が何のために生きているのか、どのように生きていきたいのかを、見失いつつあるように思われます。そして、その間にも、日本国内や世界のみならず地球規模での大きな変化が日々生起し、解決すべき問題となって私たちのもとに押し寄せてきます。

このような時代に人生の確かな価値を見出し、生きる喜びに満ちあふれた社会を実現するために、いま何が求められているのでしょうか。それは、先達が培ってきた知恵を紡ぎ直すこと、その上で自分たち一人一人がおかれた現実と進むべき未来について丹念に考えていくこと以外にはありません。

その営みは、単なる知識に終わらない深い思索へ、そしてよく生きるための哲学への旅でもあります。弊所が創設五十周年を迎えましたのを機に、PHP新書を創刊し、この新たな旅を読者と共に歩んでいきたいと思っています。多くの読者の共感と支援を心よりお願いいたします。

一九九六年十月

PHP研究所

PHP新書

［経済・経営］

1273 自由と成長の経済学 柿埜真吾
1282 データエコノミー入門 野口悠紀雄
1295 101のデータで読む日本の未来 宮本弘曉
1299 なぜ、我々はマネジメントの道を歩むのか［新版］ 田坂広志
1329 51のデータが明かす日本経済の構造 宮本弘曉
1337 プーチンの失敗と民主主義国の強さ 原田 泰
1342 逆境リーダーの挑戦 鈴木直道
1348 これからの時代に生き残るための経済学 倉山 満
1353 日銀の責任 野口悠紀雄
1371 人望とは何か? 眞邊明人
1392 日本の税は不公平 野口悠紀雄
1393 日本はなぜ世界から取り残されたのか サム田渕
1414 入門 シュンペーター 中野剛志

［社会・教育］

418 女性の品格 坂東眞理子
495 親の品格 坂東眞理子
504 生活保護vsワーキングプア 大山典宏
522 プロ法律家のクレーマー対応術 横山雅文
586 理系バカと文系バカ 竹内 薫［著］／嵯峨野功一［構成］
618 世界一幸福な国デンマークの暮らし方 千葉忠夫
621 コミュニケーション力を引き出す 平田オリザ／蓮行
629 テレビは見てはいけない 苫米地英人
854 女子校力 杉浦由美子
869 若者の取扱説明書 齋藤 孝
888 日本人はいつ日本が好きになったのか 竹田恒泰
987 量子コンピューターが本当にすごい 竹内 薫／丸山篤史［構成］
994 文系の壁 養老孟司
1022 社会を変えたい人のためのソーシャルビジネス入門 駒崎弘樹
1025 人類と地球の大問題 丹羽宇一郎
1032 なぜ疑似科学が社会を動かすのか 石川幹人
1040 世界のエリートなら誰でも知っているお洒落の本質 干場義雅
1059 広島大学は世界トップ100に入れるのか 山下柚実
1073 「やさしさ」過剰社会 榎本博明
1079 超ソロ社会 荒川和久
1087 羽田空港のひみつ 秋本俊二
1093 震災が起きた後で死なないために 野口 健
1106 御社の働き方改革、ここが間違ってます! 白河桃子
1125 『週刊文春』と『週刊新潮』闘うメディアの全内幕 花田紀凱／門田隆将
1128 男性という孤独な存在 橘木俊詔
1140 「情の力」で勝つ日本 日下公人

1144 未来を読む　ジャレド・ダイアモンドほか［著］／大野和基［インタビュー・編］

1146 「都市の正義」が地方を壊す　山下祐介

1149 世界の路地裏を歩いて見つけた「憧れのニッポン」　早坂 隆

1150 いじめを生む教室　荻上チキ

1151 オウム真理教事件とは何だったのか?　一橋文哉

1154 孤独の達人　諸富祥彦

1161 貧困を救えない国 日本　阿部 彩／鈴木大介

1164 ユーチューバーが消滅する未来　岡田斗司夫

1183 本当に頭のいい子を育てる 世界標準の勉強法　茂木健一郎

1190 なぜ共働きも専業もしんどいのか　中野円佳

1201 未完の資本主義　ポール・クルーグマンほか［著］／大野和基［インタビュー・編］

1202 トイレは世界を救う　ジャック・シム［著］／近藤奈香［訳］

1219 本屋を守れ　藤原正彦

1223 教師崩壊　妹尾昌俊

1229 大分断　エマニュエル・トッド［著］／大野 舞［訳］

1231 未来を見る力　河合雅司

1233 男性の育休　小室淑恵／天野 妙

1234 AIの壁　養老孟司

1239 社会保障と財政の危機　鈴木 亘

1242 食料危機　井出留美

1247 日本の盲点　開沼 博

1249 働かないおじさんが御社をダメにする　白河桃子

1252 データ立国論　宮田裕章

1262 教師と学校の失敗学　妹尾昌俊

1263 同調圧力の正体　太田 肇

1264 子どもの発達格差　森口佑介

1271 自由の奪還　アンデシュ・ハンセンほか［著］／大野和基［インタビュー・編］

1277 転形期の世界　Voice編集部［編］

1280 東アジアが変える未来　Voice編集部［編］

1281 5000日後の世界　ケヴィン・ケリー［著］／大野和基［インタビュー・編］／服部桂［訳］

1286 人類が進化する未来　ジェニファー・ダウドナほか［著］／大野和基［インタビュー・編］

1290 近代の終わり　ブライアン・レヴィンほか［著］／大野和基［インタビュー・編］

1291 日本のふしぎな夫婦同姓　中井治郎

1298 子どもが心配　養老孟司

1303 ウイルス学者の責任　宮沢孝幸

1307 過剰可視化社会　與那覇潤

[政治・外交]

1157 二〇二五年、日中企業格差　近藤大介
1163 AI監視社会・中国の恐怖　宮崎正弘
1169 韓国壊乱　櫻井よしこ／洪 熒
1180 プーチン幻想　グレンコ・アンドリー
1188 シミュレーション日本降伏　北村 淳
1189 ウイグル人に何が起きているのか　福島香織
1196 イギリスの失敗　岡部 伸
1208 アメリカ 情報・文化支配の終焉　石澤靖治
1212 メディアが絶対に知らない2020年の米国と日本　渡瀬裕哉
1225 ルポ 外国人ぎらい　宮下洋一
1226 「NHKと新聞」は嘘ばかり　髙橋洋一
1231 米中時代の終焉　日高義樹
1236 韓国問題の新常識　Voice編集部［編］
1237 日本の新時代ビジョン　鹿島平和研究所・PHP総研［編］
1241 ウッドロー・ウィルソン　倉山 満
1248 劣化する民主主義　宮家邦彦
1250 賢慮（けんりょ）の世界史　佐藤 優／岡部 伸
1254 メルケル 仮面の裏側　川口マーン惠美
1260 中国vs.世界　安田峰俊
1261 NATOの教訓　グレンコ・アンドリー
1274 日本を前に進める　河野太郎
1287 トランプvsバイデン　村田晃嗣
1289 日本の対中大戦略　兼原信克
1292 タリバンの眼（め）　佐藤和孝
1297 誤解しないための日韓関係講義　木村 幹
1300 お金で読み解く世界のニュース　大村大次郎
1304 儲かる！米国政治学　渡瀬裕哉
1306 ウクライナ戦争における中国の対ロ戦略　遠藤 誉
1309 「動物の権利」運動の正体　佐々木正明
1325 台湾に何が起きているのか　福島香織
1327 政治と暴力　福田 充
1332 習近平三期目の狙いと新チャイナ・セブン　遠藤 誉
1354 北極海 世界争奪戦が始まった　石原敬浩
1384 新・宇宙戦争　長島 純
1387 台湾有事と日本の危機　峯村健司
1388 日本人の賃金を上げる唯一の方法　原田 泰
1398 日本企業のための経済安全保障　布施 哲
1403 自民党はなぜここまで壊れたのか　倉山 満
1404 気をつけろ、トランプの復讐が始まる　宮家邦彦
1410 13歳からの政治の学校　橋下 徹

［思想・哲学］

1117 和辻哲郎と昭和の悲劇　小堀桂一郎

1159 靖國の精神史　小堀桂一郎
1215 世界史の針が巻き戻るとき　マルクス・ガブリエル［著］／大野和基［訳］
1251 つながり過ぎた世界の先に　マルクス・ガブリエル［著］／大野和基［インタビュー・編］／髙田亜樹［訳］
1294 アメリカ現代思想の教室　岡本裕一朗
1302 わかりあえない他者と生きる　マルクス・ガブリエル［著］／大野和基［インタビュー・編］／月谷真紀［訳］
1396 神なき時代の「終末論」　佐伯啓思
1397 本当の人生　和田秀樹
1413 仏教の未来年表　鵜飼秀徳

［歴史］

061 なぜ国家は衰亡するのか　中西輝政
286 歴史学ってなんだ?　小田中直樹
755 日本人はなぜ日本のことを知らないのか　竹田恒泰
1012 古代史の謎は「鉄」で解ける　長野正孝
1064 真田信之　父の知略に勝った決断力　平山　優
1085 新渡戸稲造はなぜ『武士道』を書いたのか　草原克豪
1086 日本にしかない「商いの心」の謎を解く　呉　善花
1104 一九四五　占守島の真実　相原秀起
1108 コミンテルンの謀略と日本の敗戦　江崎道朗
1115 古代の技術を知れば、『日本書紀』の謎が解ける　長野正孝
1116 国際法で読み解く戦後史の真実　倉山　満
1118 歴史の勉強法　山本博文
1121 明治維新で変わらなかった日本の核心　猪瀬直樹／磯田道史
1123 天皇は本当にただの象徴に堕ちたのか　竹田恒泰
1129 物流は世界史をどう変えたのか　玉木俊明
1130 なぜ日本だけが中国の呪縛から逃れられたのか　石　平
1138 吉原はスゴイ　堀口茉純
1141 福沢諭吉　しなやかな日本精神　小浜逸郎
1142 卑弥呼以前の倭国五〇〇年　大平　裕
1152 日本占領と「敗戦革命」の危機　江崎道朗
1160 明治天皇の世界史　倉山　満
1167 吉田松陰『孫子評註』を読む　森田吉彦
1168 特攻　知られざる内幕　戸髙一成［編］
1176 「縄文」の新常識を知れば　日本の謎が解ける　関　裕二
1177 「親日派」朝鮮人　消された歴史　拳骨拓史
1178 歌舞伎はスゴイ　堀口茉純

1181 日本の民主主義はなぜ世界一長く続いているのか　竹田恒泰
1185 戦略で読み解く日本合戦史　海上知明
1192 中国をつくった12人の悪党たち　石 平
1194 太平洋戦争の新常識　歴史街道編集部［編］
1197 朝鮮戦争と日本・台湾「侵略」工作　江崎道朗
1199 関ヶ原合戦は「作り話」だったのか　渡邊大門
1206 ウェストファリア体制　倉山 満
1207 本当の武士道とは何か　菅野覚明
1209 満洲事変　宮田昌明
1210 日本の心をつくった12人　石 平
1213 岩崎小彌太　武田晴人
1217 縄文文明と中国文明　関 裕二
1218 戦国時代を読み解く新視点　歴史街道編集部［編］
1228 太平洋戦争の名将たち　歴史街道編集部［編］
1243 源氏将軍断絶　坂井孝一
1255 海洋の日本古代史　関 裕二
1266 特攻隊員と大刀洗飛行場　安部龍太郎
1267 日本陸海軍、失敗の研究　歴史街道編集部［編］
1269 緒方竹虎と日本のインテリジェンス　江崎道朗
1276 武田三代　平山 優
1279 第二次大戦、諜報戦秘史　岡部 伸
1283 日米開戦の真因と誤算　歴史街道編集部［編］
1296 満洲国と日中戦争の真実　歴史街道編集部［編］
1308 女系で読み解く天皇の古代史　関 裕二
1311 日本人として知っておきたい琉球・沖縄史　原口 泉
1312 服部卓四郎と昭和陸軍　岩井秀一郎
1316 世界史としての「大東亜戦争」　細谷雄一［編著］
1318 地政学と歴史で読み解くロシアの行動原理　亀山陽司
1319 日本とロシアの近現代史　歴史街道編集部［編］
1322 地政学で読み解く日本合戦史　海上知明
1323 徳川家康と9つの危機　河合 敦
1335 昭和史の核心　保阪正康
1340 古代史のテクノロジー　長野正孝
1345 教養としての「戦国時代」　小和田哲男
1347 徳川家・松平家の51人　堀口茉純
1350 三大中国病　石 平
1351 歴史を知る読書　山内昌之
1355 謙信×信長　乃至政彦
1357 日本、中国、朝鮮 古代史の謎を解く　関 裕二
1358 今村均　岩井秀一郎
1359 近代日本暗殺史　筒井清忠
1363 人口からみた宗教の世界史　宮田 律
1364 太平洋戦争・提督たちの決断　半藤一利

1366 「食」が動かした人類250万年史　新谷隆史
1370 『源氏物語』のリアル　繁田信一
1372 家康の誤算　磯田道史
1375 悩める平安貴族たち　山口 博
1376 ヒッタイト帝国　津本英利
1377 徳川家康の経済政策――その光と影　岡田 晃
1379 昭和史の明暗　半藤一利
1401 蔦屋重三郎（じゅうざぶろう）と田沼時代の謎　安藤優一郎
1405 消された王権　尾張氏の正体　関 裕二
1406 中国を見破る　楊 海英
1408 中国ぎらいのための中国史　安田峰俊
1411 島津氏　新名一仁・徳永和喜
1418 日本史　敗者の条件　呉座勇一

［心理・精神医学］

103 生きていくことの意味　諸富祥彦
304 パーソナリティ障害　岡田尊司
364 子どもの「心の病」を知る　岡田尊司
381 言いたいことが言えない人　加藤諦三
453 だれにでも「いい顔」をしてしまう人　加藤諦三
862 働く人のための精神医学　岡田尊司
895 他人を攻撃せずにはいられない人　片田珠美
910 がんばっているのに愛されない人　加藤諦三
952 プライドが高くて迷惑な人　片田珠美
953 なぜ皮膚はかゆくなるのか　菊池 新
956 最新版「うつ」を治す　大野 裕
977 悩まずにはいられない人　加藤諦三
1063 すぐ感情的になる人　片田珠美
1091 「損」を恐れるから失敗する　和田秀樹
1094 子どものための発達トレーニング　岡田尊司
1131 愛とためらいの哲学　岸見一郎
1195 子どもを攻撃せずにはいられない親　片田珠美
1205 どんなことからも立ち直れる人　加藤諦三
1214 改訂版 社会的ひきこもり　斎藤 環
1224 メンヘラの精神構造　加藤諦三
1275 平気で他人をいじめる大人たち　見波利幸
1278 心の免疫力　加藤諦三
1293 不安をしずめる心理学　加藤諦三
1317 パワハラ依存症　加藤諦三
1383 高校生が感動した英語独習法　安河内哲也
1389 無理をして生きてきた人　加藤諦三
1419 前を向きたくても向けない人　加藤諦三